U0222168

给孩子讲
时间简史

李淼 🌀 著

C̄S ⊞ 湖南少年儿童出版社
HUNAN JUVENILE & CHILDREN'S PUBLISHING HOUSE
🌀 博集天卷
CS-BOOKY

· 长沙 ·

目录
CONTENTS

关于时间的历史

第 1 讲

我们为什么要谈时间呢，是因为我们通常说的"一寸光阴一寸金"吗？这当然是部分原因。还有一个也许是更重要的原因，那就是，为了解释宇宙中发生的各种现象，物理学家需要时间这个概念，同时，需要发明精确的仪器来记录时间，例如手表，例如手机里的时钟。

其实，人类记录时间已经有很长的历史了。给大家看右面这张图，这是北京故宫的日晷。日晷是古代的钟，用来看时间的。当太阳照到日晷上的时候，日晷上的那根针就将影子投在日晷的盘上。随着太阳在天上移动，针的影子就在盘上移动。日晷的盘上还有一些刻度，用来表示时间。

我们再来看一下日晷盘上的刻度。要注意哟，这个日晷晷面（第4页）

不是故宫的那个。我们看到，上面有子、丑、寅、卯等等。下方的那个"午"，就是中午的意思。当晷针的影子与"午"重合时，就是中午12点。中国人用这个办法来记录时间，有好几千年了。而在古代巴比伦，用这种方式来看时间也有近6000年了。顺便说一下，晷这个字，就是日影的意思。

　　那么，为什么用这种方式来记录时间是可靠的呢？这是因为，太阳在天上移动的速度基本上是不变的。当然，我们看到太阳移动主要是因为地

球在转动，地球转动的速度也基本不变。远古的人当然不知道地球在转动，更不知道地球的转动速度为什么不变，但是他们通过观察发明了日晷这种比较精确的计时方式。

我们的古代人除了"日出而作，日落而息"需要看时间，一年四季种庄稼也要看时间，这就需要精确地记录季节的变化，这是比一天更长的时间。

比如说，汉代有名的科学家兼文学家张
衡写过一首长诗，就是《东京赋》，里
面就写道："规天矩地，授时顺乡。"
规和矩现在是测量的意思，我们也可以
这么理解。当然，张衡写这句话真正的
意思是效法天地，可见，天地的变化是
可以用来记录时间的。授时就是政府机
构记录时间告诉老百姓，而顺乡就是遵
守老百姓的习俗，这里当然包括种地。

● 张衡 ●

　　说到张衡，我们要说说这位中国古
代伟大科学家的故事。他出生在公元 78 年，正是东汉年间。他的祖父是东
汉的开国功臣，他自己则不太喜欢当官。不过，因为他精通天文，东汉第
六任皇帝汉安帝刘祜就请他来做顾问，后来又升他为太史令。太史令其实
也不是什么官员，主要负责我们前面说的授时、制定历法。张衡就是在担
任太史令期间改进了浑天仪。

　　因为张衡不是什么大官，历史上对他的故事记录得比较少。1983 年，

上海电影制片厂拍了一部电影《张衡》，里面有不少张衡的故事。比如说，有一段故事是这样的：张衡一面在太学府抄书，一面研制地动仪。地动仪模型的出现，引起了骑都尉宣谱的惊恐。他污蔑地动仪为"妖器"，下令将它烧掉，但当他听说这是写著名的《二京赋》的张衡所造，又加以夸奖。他假惺惺地邀张衡到家中，用盛宴和美女来诱惑张衡，希望张衡为一本预示吉凶的书作注。

现在，我们对张衡的地动仪是否能够精确测报地震表示怀疑，但是他制造的浑天仪确确实实是重要的天文学仪器。张衡并不是浑天仪的发明人，浑天仪在西汉时就被发明了出来，但张衡极大地改进了浑天仪。

浑天仪远看上去是一个球体，其实是由几个可转动的圆圈组成的。左图是明代制造的浑天仪，现在陈列在南京紫金山天文台。这个浑天仪最大圆圈的周长有4米多。浑天仪有一根轴穿过球心，轴穿过南极和北极。北极就是北极星所在的位置，南极当然在我们中国是看不到的，张衡只是推测有南极。浑天仪的构造非常巧妙，它转动起来很像现代的望远镜，一个方向的转动可以抵消地球的转动，另一个方向的转动可以让浑天仪上刻着的二十八星宿的方向和天上星宿的方向完全一致。

好玩的是，浑天仪上装着两个漏壶，壶底有孔，壶里的水通过孔滴出来，就会推动圆圈，让圆圈按着刻度慢慢转动。于是乎各种天文现象便赫然展现在人们眼前。这件仪器当时被安放在东汉皇宫里，在灵台大殿的一个房间里。夜里，房间里的人把某时某刻出现的天象及时报告给灵台上的观天人员，结果是仪器上所见与天上所现完全相符。这是非常神奇的事，说明张衡对天象的运行规律非常了解。

另外得说一下，浑天仪上还刻着二十四节气，这样，浑天仪还能预告节气。

天文学是人类最古老的科学，就是因为农业需要它。当然，也许在10000年前人类开始驯化植物和动物之前，就有人开始仰望星空了。科幻作家刘慈欣在一篇科幻小说中写道，一个外星文明监视地球，发现有一个猿人抬头仰望星空超过了一个特定的时间，就知道人类要变聪明了。

那么，天文学到底是什么时候开始的呢？在我们中国，传说尧帝手下有两个人，一个人的名字叫羲，一个人的名字叫和，这两人掌管天文和历法。当然，这只是神话传说，如果我们相信这种说法，中国在约公元前2300年就有天文学家了。但有考古证据说明，中国人至少在公元前就开始记录彗星了。

右面这张图就是长沙马王堆汉代墓出土的帛书，上面画了一些彗星，这张帛书应该是公元前168年之前绘制的。

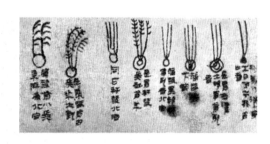

● 马王堆帛书 ●

在亚洲西部，古代有一个亚述人的文明，他们在公元前1000年，甚至在公元前3000年，就开始记录日食和月食了。他们甚至还观察了行星的运动，制定了太阴历。

说到太阴历，又叫阴历，其实是各种古代文明都用的历法，包括中国人、古埃及人、古巴比伦人、古印度人、古希腊人、古罗马人。这种历法为什么叫阴历呢？因为它是根据月亮的运动制定的。月亮是绕着地球运动的，它在不同方向上，以不同的部分反射太阳的光，所以我们就会看到不同形状的月亮，有时是满月，有时只是一个月牙儿，这种变化叫作月相。其实，我在《给孩子讲宇宙》中已经提到过月相。

从一个满月到下一个满月需要的时间，我们叫作一个月，有29天半。阴历以这样的12个月为一年，那我们稍微算一下就知道了，阴历的一年有354天。

聪明的小朋友马上就会说了，这不行啊，一年四季的变化需要 365 天啊。是的，严格地讲，一年四季变化需要 365 天再加四分之一天。现在我们知道了，一年四季的变化是地球绕着太阳转的结果。我们现在用的历法，用 365 天做一年，每过三年，就会有一个闰年，这一年有 366 天，这样，平均下来一年是 365 天加四分之一天。我们现在用的就是这种历法，因为这种历法是根据太阳制定的，就叫阳历。

小朋友们都听说过金字塔吧，金字塔除了是工程上的奇迹，也是天文学上的奇迹。比如说，胡夫金字塔有四条坑道分别指向小熊座的"帝星"、大犬座的"天狼星"、"北极星"，以及天龙座的"右枢星"。

当然，多数古代人并不知道地球是绕着太阳转的，更多的人认为太阳和月亮一样，是绕着地球转的。

说完了古人利用天文来计算时间，接下来我们谈谈关于钟表的故事。今天，我们进入一家服务比较好的餐馆，点好餐，服务员往往会拿出一个沙漏，将沙漏倒着一放，沙子就会从上面向下面漏。服务员会说，如果沙

● 彼得·亨莱因 ●

子漏完了菜没有上齐，我们就赔你一道菜。所以啊，这个沙漏就是计时器。

中国古代发明的类似沙漏的东西，叫水漏。最简单的水漏就是在桶里放一根标杆，称为箭，箭下用一只箭舟托着，浮在水面上。随着水慢慢滴出来，箭会下降。我们看箭的刻度，就可以知道时间啦。据说最早的水漏早在商朝就被发明了出来。至于我们现在看到的沙漏呢，则出现得比较晚。

钟表就出现得更晚了。用齿轮和弹簧驱动的钟是德国人彼得·亨莱因在 16 世纪初制造的，为了纪念他，纽伦堡至今还有他的雕像。

我们今天还会看到带有钟摆的钟，这就不得不谈到两位有名的科学家，一位是伽利略，另一位是惠更斯。

伽利略这个人，我在《给孩子讲宇宙》那本书中已经谈到了他，他是第一个发明天文望远镜的人。其实，这个人可厉害了，不仅发明了天文望远镜，还是近代科学的鼻祖。为什么说他是近代科学的鼻祖呢？因为他实实在在地用实验来验证他对很多自然现象的理论。比如说啊，他发现所有物体向地面下落的速度和它具体是什么东西没有关系。这就和亚里士多德的看法完全不同了，也和我们日常看到的不一样。现在，你手里拿一个铁球和一根羽毛，松开手，我们都知道铁球先落地，羽毛后落地。伽利略说，假如没有空气，铁球和羽毛会同时落地。当然，那个时代不太好制造真空，伽利略就做了另一个简单的实验：在一个斜板上放两个大小不一样的铁球，同时松开手，两个铁球顺着斜板向下滚，它们会同时着地。

有一个故事是这么说的：1589 年的一天，比萨大学青年数学教师、25 岁的伽利略，同他的辩论对手及许多人一道

● 比萨斜塔 ●

来到比萨斜塔。伽利略登上塔顶，将一个重 100 磅和一个重 1 磅的铁球同时抛下。在众目睽睽之下，两个铁球出人意料地差不多是平齐地落到地上。面对这个实验，在场观看的人个个目瞪口呆，不知所措。这样，伽利略用实验反驳了他的对手以及古希腊哲学家亚里士多德。

这个故事是真的吗？现在很多人不太相信这个故事，就像我们不太相信苹果砸到牛顿头上那个故事一样。这个故事是伽利略的学生维维亚尼在他的书《伽利略》中提到的，不过，维维亚尼说他自己也是听别人说的。

说了半天，我们回到摆钟这个事情上面来。一架摆钟，看上去是这样的：

上面是钟面，下面是钟摆。钟摆不停地摆动，钟就嘀嘀嗒嗒地走了。钟摆每摆动一个来回，所花的时间是一样多的，这个关键事实，就是伽利略发现的。

17 岁那年，伽利略听从他父亲的建议，在比萨大学学医。第二年，他按期去比萨大教堂做礼拜。这是意大利非常大、非常豪华的教堂，但还是只能使用油点燃的灯，那个时候可没有电灯。吊灯垂挂在空旷的教堂中央，点灯的人不小心碰着它们或者是风悄悄吹进来的时候，它们就会像钟摆一

样来回地摇摆。当然，那个时候还没有所谓的钟摆。伽利略不经意间注意
到了这个大家习以为常的现象，他安静地凝视着空中，留心观察它们摇摆
的规律。

经过一段时间的观察，伽利略发现，不论吊灯摆动的幅度有多大，摆
动的时间总是相等的，而悬挂在长度相同的竿子上的灯，来回摆动的时间

是一样的。唯一不同的是，挂在比较短的竿子上的灯，比挂在较长的竿子上的灯摆动得快一些。

回到家以后伽利略赶紧找来绳子，把它们剪成长短不同的很多截，在下端都拴了砝码，然后都从天花板上吊下来，每根绳子就成了一个摆。接着他摆动绳子，使它们像教堂里的吊灯一样摆动。

"天哪，摆动一次所用的时间，跟所吊物体的重量没有关系，而和摆的长度有关系！"伽利略太兴奋了，这可是一个重要发现。经过长时间的试验，伽利略发现：绳子越长，摆动得越慢，摆动一次所需的时间越长；相反地，绳子越短，摆动得越快，摆动一次所需的时间就越短；如果绳子的长短一样，那么每次摆动所需要的时间也就一样。这就是著名的"摆的等时定律"，又叫钟摆定律。

不过，伽利略本人并没有发明摆钟。摆钟是在伽利略发现钟摆定律的75 年后，由荷兰物理学家、天文学家克里斯蒂安·惠更斯发明的。

惠更斯于 1629 年出生，出生地是荷兰的海牙。这个人也是一个十分传奇的人，不仅精通数学和物理，还精通天文学，同时还是一位发明家。荷兰是一个盛产巧手工匠的国家，小惠更斯 13 岁的时候，就发明了一台机床。

他 27 岁的时候，发明了摆钟。

惠更斯比牛顿大 14 岁，这两个人有很多相似的地方，他们都痴迷物理学，都没有受到宗教的迫害，也都自幼体弱多病，而且都终身未婚。虽然我们现在觉得惠更斯没有牛顿那么伟大，但是惠更斯在自己的领域内也取得了举世瞩目的成就。他们之间既有合作也有分歧，他们之间的主要争论是关于光的。光到底是什么？牛顿认为光由微粒组成，惠

● 克里斯蒂安·惠更斯 ●

更斯认为光其实是波。当然，读过《给孩子讲量子力学》的小朋友应该知道，牛顿和惠更斯各自看到光的一个侧面，他们都对，也都不全对。

惠更斯还发明了平衡弹簧手表，这种手表和今天我们经常看到的机械表是不一样的。不过，英国物理学家胡克也声称发明了平衡弹簧手表，他们之间到底是谁最先发明了平衡弹簧手表呢？这个争议一直持续了 300 多年，直到 2006 年，人们在英国的汉普郡发现了胡克的一本手写笔记，里面

详细记录了平衡弹簧手表的结构。这么看来，还是胡克最先发明了平衡弹簧手表。

尽管伽利略本人并没有发明摆钟，但他根据钟摆定律发明了测量脉搏的脉搏器。

我们说了这么多测量时间的方法，这些方法都是比较古老的，从日晷到摆钟。进入 19 世纪，欧洲出现了一批精密制表的品牌，现在，这些名表都卖得特别贵。但是，所有这些机械表在计时方面，都被现代计时方法远远超越。

小朋友们有没有想到，古代测量时间的各种方法中，最根本的道理是什么呢？地球自转一周也好，月亮绕地球一周也好，地球绕太阳一周也好，钟摆来回摆一周也好，我们都假定了每一周的时间是一样长的。在物理学家眼中，这些运动都是等时运动，人们还为一周的时间发明了一个名词，就是周期。

手表计时的方式也一样，比方说啊，秒针绕表面跑一圈，就是一分钟；分针绕表面跑一圈，就是一小时；而时针绕表面跑两圈，就是一天。这些大大小小的指针每跑一或两圈，就是一个周期。

时针绕表面跑两圈
就是一天

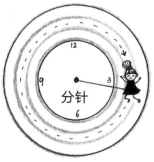

分针绕表面跑一圈
就是一小时

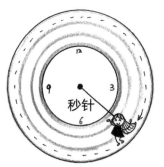

秒针绕表面跑一圈
就是一分钟

明白了这个道理，我们就可以介绍现代
计时的几种方法了。第一种方法，就是石英
手表计时的方法。右面这张图就是石英。

那么，石英钟到底是什么呢？原来，科
学家在 20 世纪初就发现，如果将石英制造
成一个规规整整的晶体，那么它就会按照一
定周期振动，当然，它们的振动周期非常非
常短。科学家还发现，石英振动起来很稳定，
也就是说，即使温度会变化，一块石英的振动变化也很小很小。既然钟摆
可以用来制造钟，那么，石英是不是也可以用来制造更加精确的钟呢？

要想利用石英来制造钟，我们还得想办法将石英的振动转变成控制钟
走动的信号。这样，19 世纪的一个重要发现就派上用场了，这就是法国物
理学家皮埃尔·居里和他的哥哥雅克·居里发现的一个物理现象。这种现
象就是，如果给某些晶体施加压力，这些晶体就会出现电压，就像一个电
池会产生电压一样。现在你想，如果将一个电池接上电线，就会有电流出现。
同样，一个变形的晶体接上电线，也会产生电流。

到了 1921 年，美国物理学家沃尔特·盖顿·卡迪就用石英制造出了世界上第一个石英振荡器，就是利用石英制造出的电流振动装置。1927 年，贝尔实验室开发第一座石英钟，准确度达 300 年只偏差 1 秒，此后石英钟成为全球时间的标准。瑞士人到第二次世界大战之后才制造出他们的第一

个石英钟，现在收藏在国际钟表博物馆。

发现晶体压电现象的居里兄弟，其中皮埃尔·居里得过诺贝尔奖，他的妻子更加有名，就是居里夫人。1903 年，居里夫妇和另一位法国物理学家贝克勒尔一起获得了诺贝尔物理学奖。居里夫人后来在 1911 年又获得了诺贝尔化学奖，此时，皮埃尔·居里已经因车祸去世 5 年了。

在那个时代，很多科学家和今天的科学家不一样，对荣誉没有那么在乎。皮埃尔·居里就是一个这样的典型，虽然他发现了压电现象，还发现了好多其他重要物理学现象，比如说他和居里夫人一起发现了两种新元素，可是他们对外界给予的荣誉并不那么在意。在他们看来，赠给大人物的勋章和给学校里小孩们的奖章同样无用。曾经有一次法国政府想颁发一枚勋章给皮埃尔，皮埃尔是这么答复巴黎科学院院长的："敬请代我感谢部长先生，并请转告他，我不需要勋章，但我非常需要一个实验室。"

对于名气更大的诺贝尔奖，居里夫妇竟认为教学和研究比参加授奖典礼更为重要。结果，法国驻瑞典大使代表居里夫妇从瑞典国王手中领取了奖章。对于金钱，居里夫妇更是毫不在意。他们拒绝为他们的任何发现申请专利，为的是让每个人都能自由地利用他们的发现。他们还把诺贝尔奖

金和其他奖金都用到了科学研究之中。

回到石英钟和石英表，我们通常买到的石英表里头的石英每振动一次需要多少时间呢？这个回答与今天电脑采用的二进制有关。在日常生活里，我们用十进制。什么意思呢？就是用从 0、1 一直到 9 这 10 个数字来表达任何一个数字。就拿整数来说，10 就是由 1 和 0 组成的，这是我们数到 9 时再向上数的结果，将个位数进到十位数。同样，我们数到 99 再向上数，就用 100 来表示了。在二进制中，任何数字只用两个数字来表达，就是 0 和 1。例如，当我们数到 1 再向上数时，不用 2，而是用 10。二进制在电路中非常好用，因为开关关起来可以代表 0，开了可以代表 1。这样，我们就希望石英晶体的振动频率，也就是每秒振动的次数，可以由二进制表达。这样，日常用到的石英钟的石英 1 秒就振动 32768 次，因为 32768 这个数字是用 2 连续乘 15 次的结果。一个石英振荡器长什么样子？下页就是一个典型的石英振荡器，看起来像一个叉子，音叉也是这个样子的。当然，这个叉子的振动频率就是每秒 32768 次。我们用的手机里也有这么一个石英振荡器，不过，那个看起来像叉子的东西被一个套子套起来了。

可是，我们说每秒 32768 次的时候会觉得拗口，一个更好的说法是

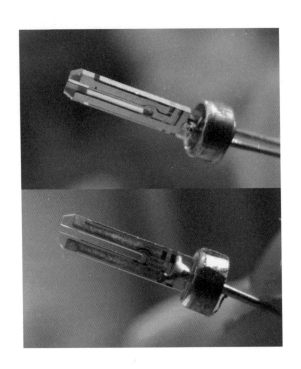

32768赫兹，赫兹就是频率的单位，每秒一次叫1赫兹，每秒两次叫2赫兹，依此类推。

赫兹其实是一个人名，他是德国物理学家。为什么频率用他的姓命名呢？这是因为，赫兹是第一个制造出人工电磁波，也是第一个探测到电磁波的人。电磁波是电磁场的波动，自然也有频率。我们是怎么定义电磁波的频率的呢？大家都看过河里的水波吧，如果我们盯着水面的一个固定的地方看，水面会上下振动，这种振动也有固定的周期和频率。同样，既然电磁波是电磁场的波动，自然也有周期和频率了。

在赫兹之前，还有一位厉害的物理学家，他的名字叫麦克斯韦，就是他预言了电磁波。麦克斯韦只活了 48 岁，1879 年就去世了，因此很可惜他没有能够看到赫兹在 1888 年探测到电磁波，否则，他不知道会高兴成什么样子。要知道，在他以前，物理学家研究电和磁，总结出来的规律就是电荷如何产生电场，磁铁如何产生磁场。只有法拉第大胆地拿一块磁铁穿过一个金属线圈，然后居然发现线圈里出现了电流！他很快推断，穿过线圈的磁铁产生了电场，这个电场在金属线圈里产生了电流。这个发现很了不起，因为大家本来以为磁铁只会产生吸引铁这种金属的磁场，原来磁铁还会产生电场。后来，法拉第用这个了不起的发现制造了第一台发电机。现在，除了发电机之外，电动机也和这个发现有关。

那么，麦克斯韦是怎么预言电磁波的呢？麦克斯韦虽然也擅长做实验，但不如法拉第。他就想，关于电和磁的实验可能都被前辈做完了，我不如给各种电磁现象发明一个力学解释，于是他就开始研究以太，他认为电场啊磁场啊无非是以太的变化造成的。在他看来，以太就是一种我们看不见的材料。就这样，借助这种看不见摸不着的东西，他将过去所有的电磁现象都用材料给解释了。麦克斯韦的动手能力虽然不如法拉第，但是他的数学特别好，他给他的以太建立了一组方程。就这样，他从31岁开始研究以太，到34岁建立了一组方程，可是他发现，他的方程预言了一种新的现象：存在电磁波，并且电磁波的传播速度和当时测到的光速是一样的！因此他大胆地推测，光也是一种电磁波。

麦克斯韦在物理学中的地位特别高，高到什么程度呢？1931年，在麦克斯韦100周年诞辰的时候，爱因斯坦说，他是牛顿以来对基础科学贡献最大的人。如果我们算上爱因斯坦本人，麦克斯韦应该是排在牛顿和爱因斯坦后面的第三人。

麦克斯韦能够做出这么了不起的发现当然是因为他从小就很用功。他上中学的时候，经常给老师出难题。据说有一次，他发现一位老师写的公式有错误，立即站起来报告。老师很自信，挖苦地说："如果是你对了，我就把它叫作麦氏公式。"后来老师回家一验算，果然是麦克斯韦对了。

　　关于电磁波的故事我们就讲到这里。可能你会问了，怎么讲时钟讲着讲着讲了很多电磁波呢？因为现代最精确的时钟不再是石英钟，而是原子钟，原子钟的出现当然离不开电磁波了。前面说到，贝尔实验室制造出来的第一座石英钟走 300 年才差了 1 秒，也就是差不多 10 万天出现 1 秒误差。对我们普通人来说，这种精度太高了，但是，原子钟的精度还要更高，可以高到每 10 亿天才会出现 1 秒的误差。

　　可能你会问，这么精密的时钟用来干吗呢？我们现在开车啊，用手机定位啊什么的都用到 GPS，也就是全球定位系统，这是美国空军航天司令部提供的一个服务。GPS 是怎么定下你的位置的？是通过 4 颗以上的卫星。这些卫星上都有时钟，这些时钟必须走得很精确，同时它们也必须互相调准，如果调不准，它们收到信号时就无法判定别的卫星是什么时候发出信号的。因为信号就是电磁波，电磁波的速度很大很大，达到每秒 30 万千米也就是 3 亿米，你想想，如果钟差了一千万分之一秒，信号就差了 30 米。可是，你用手机地图定位时，30 米的误差真是不小的误差啊。

　　所以，要 GPS 定位准确，必须用到原子钟，石英钟是远远不够的。当然，科学家的一些科学研究也需要非常准确的原子钟。

原子钟为什么会准确呢？这当然是因为原子辐射电磁波的稳定性。前面说了，电磁波也是有频率的，如果我们将电磁波的频率稳定下来，这种电磁波就可以被用来设计时钟了，这和钟摆、石英振动是一个道理。

大家应该知道，我们看到的物体的颜色是物体反射光的颜色，同样，烧红的铁发出的颜色也是光。这些光是哪里来的？就是物体内部原子发出的光。光是一种电磁波，所有原子都会发出不同种类的电磁波。通常，原子在物体中发出电磁波的频率不太固定，这是因为不同的原子处于不同的状态。这有点像我们小朋友说话，不同的人说话的音调是不一样的。

如果我们希望得到和原子辐射频率很相近的电磁波，我们就需要将原子调到非常接近的状态，怎么做到这一点呢？早在 1945 年，美国物理学家拉比就注意到，将一些原子放在一种容器里，同时让容器充满一种微波电磁波（就是我们微波炉里的那种微波），如果我们调节微波电磁波的频率，使得这些原子吸收和发出的电磁波和微波一样，就可以让这些原子的状态保持一致。这种方法看上去不太容易理解，现在我打个比方大家就容易理解了：小朋友们在操场上跑步时大家跑的步子不整齐，现在，一位老师在一旁吹哨子，小朋友们根据哨子调整自己的步伐，很快，大家跑步就变得

很整齐了。

　　拉比自己并没有用这个想法发明出原子钟，过了 4 年第一座原子钟才被发明出来，但这座原子钟并不比当时最准确的石英钟更准。第一座准确度超过石英钟的原子钟是 1955 年制造出来的，制造人是两位在英国国家物理实验室工作的物理学家，里面用到的原子是铯原子。下页这张图就是两位发明人站在第一座准确的原子钟旁。

　　这座原子钟看上去太大了，如果将它放在 GPS 的卫星上不太合适。其实，

现在的原子钟可以造得很小了，只有芯片那么大。

这一讲到了这里，我已经和大家谈了古往今来的几个重要的计时工具。随着科学的发展，可以断言，人类还会不断地发明出更加精确的新的计时工具，原子钟应该不会是最后一种。

1 天文学家是最早记录时间的，他们要制定历法，除了我们在正文里说到的阴历和阳历，还有阴阳历。阴阳历的名字就告诉我们，这种历法既照顾了月亮绕地球的周期，也照顾了地球绕太阳的周期。我们通常使用的农历就是一种阴阳历。

2 古人发明的二十四节气非常重要，因为它不仅指导了农民根据节气来种地，还告诉我们日常生活中的冷暖变化，以及动物如何根据节气改变它们的行为。我们知道，地球绕太阳一圈就是转了360度，360除以24，就是15，也就是说，地球绕太阳每走15度，就过了一个节气。

3 我们知道，恒星因为离我们远，基本是不动的（扣掉地球自转的效果）。太阳比较近，站在地球上来看，好像是太阳绕地球转。古代人为了研究太阳相对于地球的运动，专门发明了黄道。每到一个节气，太阳在黄道上就到了一个点。

④ 古巴比伦人将黄道分成 12 等份，每一个等份是 30 度。在每个 30 度范围内，就有一个星座，这些星座叫黄道十二宫。现在我们常说的你是什么星座的，就是根据你出生的那一天太阳和什么星座吻合。有白羊座啊，金牛座啊等十二星座。

⑤ 现在我们知道了，西方有黄道十二宫，中国有二十四节气。中国原来的二十四节气并不严格是黄道上的 24 等份。到了明末清初，传教士汤若望和徐光启根据隋唐就传入中国而未被重视的黄道十二宫的划分办法，以春分点为起点，太阳在黄道上每转过 15 度，为一个节气。

⑥ 日晷虽然是一种不错的计时工具，但毕竟需要太阳，这样，中国古代就出现了水漏。一个好的水漏，还要解决随着水变少，水漏出的速度会改变这个问题。聪明的古人就发明了用几只壶来制造水漏，下面的壶水少了，上面的水就来补充。

⑦ 20 世纪 80 年代我在中国科学技术大学读研究生的时候，有一位同学专门研究中国古代计时工具。为了复制水漏，他专门做了一

个大木桶放在当时的洗漱间。那时，合肥的夏天特别热，我们就跳进那只大木桶中泡冷水。

8 水的体积会随着温度变化，这会影响水流的速度。到了元代，就出现了一种沙漏。沙子流出的时候，会推动一组齿轮，最终推动指针，这就很像近代的机械钟了。

9 惠更斯不仅发明了单摆钟，他还发现了单摆摆动一个来回的周期的公式，在这个公式中，单摆的周期与摆锤的重量无关，只与单摆的长度以及地球的重力加速度有关。

10 也许你们当中有些人听说过卡西尼 – 惠更斯土星探测计划。为什么叫卡西尼 – 惠更斯计划呢？因为卡西尼是发现土星环有缝隙的人，而惠更斯发现了土星最大的卫星土卫六。惠更斯心灵手巧，除了发明摆钟，自己也会磨制望远镜中的透镜。

11 其实，我们前面提到的都不是惠更斯对科学最大的贡献，他的最大的贡献是提出光其实是波，直接和牛顿对着干。可惜，在惠更斯在世的时候，牛顿已经成了压倒性的大科学家，没有几个人相信惠更斯。但是，惠更斯的光波说对后世的影响更大，例如，正是因为光是波，麦克斯韦才预言光就是电磁波。如果说麦克斯韦是牛顿之后、爱因斯坦之前最伟大的物理学家，我们也可以说惠更斯是介于伽利略和牛顿之间最伟大的物理学家。

⑫ 机械钟是明代传入中国的，那个时候叫自鸣钟。例如，1582 年意大利人利玛窦来中国传教，就带来了自鸣钟。1601 年利玛窦到北京给明朝的万历皇帝献上自鸣钟，万历皇帝花了很多钱专门造了钟楼。

⑬ 到了清朝康熙年间，中国人就会自己造机械钟了。现在去故宫的钟表馆参观，里面的部分钟表就是中国人自己造的。

⑭ 利玛窦在中国传播了西方的科学，例如，他和中国的大科学家徐光启一道翻译了欧几里得的《几何原本》。

⑮ 麦克斯韦在 1879 年去世，距离赫兹发现电磁波还有 9 年，他去

世的时候只有 48 岁。赫兹的寿命更短，只活了 37 岁，他发现电磁波的时候是 31 岁。赫兹也很可惜，他在 1894 年去世，没有等到马可尼在 3 年后利用电磁波发明无线电。

⑯ 正文中我们说到了第一座比石英钟更精确的原子钟，里面的原子是铯原子，更加准确地说，这是铯 –133，133 的意思是这种原子的重量大约是氢原子的 133 倍。

⑰ 铯 –133 会发射出一种微波，它的频率是 9192631770 赫兹，也就是说，它在 1 秒内能够振动 9192631770 次。聪明的你可能会问了，在原子钟出现之前，我们怎么能将频率测得这么准？毕竟测量频率就是测量很小的时间间隔。问得真好，其实，这个频率是科学家在 1967 年规定的。他们说，让我们这样来定义 1 秒，就是铯 –133 发出的微波振动了 9192631770 次的时间。

⑱ 科学家利用原子重新定义了秒，这样，时间就比用摆钟或者石英钟计量更准确了。同样，科学家还规定了光速是每秒 299792458 米，这样，米就是光在 1/299792458 秒跑动的距离。这样定义出

来的米当然比用尺子定义准确多了，因为尺子的长短会随温度等条件变化而变化。

⑲ 2010 年 2 月，美国国家标准局研制的铝离子光钟，精度达到 37 亿年误差不超过 1 秒，是世界上最准的原子钟。

⑳ 将来，如果条件允许，我们的手机或者其他什么新的可以拿在手里的设备中会出现原子钟。当然，我还没有想出普通人为什么要携带原子钟。

2

时间箭头是怎么回事

第2讲

《哈利·波特》里的魔法棒是一种非常神奇的东西，比如说，有一次邓布利多带着哈利·波特去找一个变成沙发的朋友，看到房间乱糟糟的，用魔法棒一挥，房间登时被整理得干干净净。又有一次，哈利·波特将魔法棒指着一摊水，那摊水很快就结成了冰。

尽管在魔法故事里，我们相信这种神奇的事情，但在现实生活里，这些事会出现吗？回答是，根本不可能。比如说，我们现在都是手机一族了，不论大人还是小孩，没事就捧着手机。和手机配套的是耳机线，它经常给我们带来不愉快的麻烦：我们本来将整理得好好的耳机线放在口袋里，可是，不出意外的是，每次从口袋里掏出它，它又变得乱糟糟的。

你有没有见过这种事情发生：一团乱麻一样的耳机线放进口袋里，掏出来的时候变整齐了？我跟你打一块钱的赌，你肯定从来没有见过这种事情。同样，一个乱糟糟的房间，如果我们不去耐心地慢慢整理，才不可能用魔法棒一挥，就会变得整整齐齐的。那你会问，魔法棒指一下水，它会结成冰吗？回答是，永远不会。原因是什么？因为冰和水比起来，就像整齐的房间和乱糟糟的房间比起来一样。我们慢慢谈这个回答后面的道理。

本来有条理的东西会变得乱糟糟，而乱糟糟的东西不会变得有条理，这是我们这个世界的一个根本规律。再举一个例子，一只杯子掉到地上，水撒出来了，水渗入地板中了，杯子碎了。我们从来没有见过相反的情况，一只杯子的碎片会自动合拢成一个完整的杯子，地板中的水跑回来再跳进杯子，然后杯子从地板上跳到桌子上。这意味着什么？这意味着我们这个世界是一部电影，它从来都是向着一个方向放映，而不能倒着放映，也就是说，时间有一个箭头。

其实，中国古人早就注意到这个现象，成语"覆水难收"讲的就是这个现象。这个成语来自汉代的一个故事，汉景帝的时候，有一个穷书生叫朱买臣，娶了个妻子崔氏，他平时除了读书就是砍柴。后来崔氏实在过不了贫穷的生活，要和朱买臣离婚，朱买臣没有办法，只好离婚了。到了汉景帝的儿子汉武帝即位，没过几年朱买臣得到了汉武帝的赏识，做了会稽太守。崔氏得知这个消息，蓬头垢面跑到朱买臣面前，请求他允许自己回到朱家。朱买臣让人端来一盆清水泼在马前，告诉崔氏，若能将泼在地上的水收回盆中，他就答应她回来。当然，这件事是做不到的。

但是，要很久很久以后，物理学家才找到这个道理背后的根本原因。发现根本原因是一个复杂的过程，有很多故事，我们先讲发现这个根本原因的人。这个人就是奥地利物理学家路德维希·玻尔兹曼。

要理解玻尔兹曼找到的道理并不难。现在，你拿一个盒子，再拿两个玻璃球。将盒子隔成一边一半，你闭起眼睛将玻璃球一个一个扔进盒子里。现在，要求你将两个玻璃球都扔进左边那个盒子，你会发现，尽管这可以做到，但平均下来，每做四次才可能做到一次。原因很简单，两个玻璃球都在左边是一种可能，两个玻璃球都在右边是一种可能，但还有两个可能是两个玻璃球一个在左边一个在右边：1. 第一个玻璃球在左边，第二个玻璃球在右边；2. 第一个玻璃球在右边，第二个玻璃球在左边。

我们继续做这个实验，现在，玻璃球越来越多，要求你闭起眼睛将所

有玻璃球都扔进左边，你会发现越来越难。原因很简单，所有玻璃球都扔

进左边只有一种可能，而有很多很多可能是玻璃球乱七八糟地分布在两边。

　　你看，玻璃球同时在一边相比玻璃球乱七八糟地分布，看上去更整齐，

而越整齐的情况越难做到。这个道理说起来非常简单，但是我们可以用这

个道理解释前面提到的耳机线的问题：耳机线被整理得有条有理相对耳机

线乱七八糟的样子比较罕见。

那么，玻尔兹曼是怎么解释其他问题，比如说"覆水难收"的呢？玻尔兹曼说啊，任何物体都是由分子构成的，而分子就像我们刚刚做实验的玻璃球。当分子排列得整齐的时候，我们将这种情况叫作有序；而当分子排列得乱七八糟的时候，我们将这种情况叫作无序。相对无序，有序的可能性更小，所以不容易做到。他说，任何物体，一定是从有序变成无序，而不是相反，因为无序总是更有可能发生的。他的这种理论叫统计力学，因为它是建立在大量的原子和分子的统计基础上的。

这么简单的道理，我们现在很容易接受。可是，玻尔兹曼却由于当时很多科学家不接受他的理论而自杀了。

今天，我们都觉得物质是由分子和原子构成的，这已经是常识了，但在玻尔兹曼的时代，原子论只是古希腊人的一种哲学，这种哲学根本不被大家接受，因为没有直接证据。科学的好处在于，科学的一切假说都必须有实验来支持。但这个观点有时也有很大的缺陷，就是很多科学家会被当时的实验限制，不敢去大胆地提出假说。原子和分子真实存在的第一个证据和爱因斯坦有关，我们后面会谈一下这个证据。

尽管玻尔兹曼非常成功地用分子和原子假说解释了不少重要的物理现象，同时也得到了大学的教职，他却因为别的科学家拒绝接受他的理论，一生都很不快乐。对他打击最大的是，当时最重要的科学家兼哲学家马赫，支持一位比玻尔兹曼年轻的德国物理化学家威廉·奥斯特瓦尔德。奥斯特瓦尔德是一位很有成就的化学家，后来还在1909年获得了诺贝尔化学奖。可见，不论是马赫还是奥斯特瓦尔德，在当时的影响都很大，他们都一致反对玻尔兹曼的原子论。

他们为什么会激烈反对原子论呢？因为在当时，有一种哲学观点特别流行，就是认为所有物质都是由能量构成的，并不存在什么原子和分子，这种观点叫唯能论。我们在上一讲中谈到赫兹发现了电磁波，这个发现让很多科学家认为，物质和电磁波一样，都是连续的能量。而原子和分子一来我们看不见，二来都是一个一个的，不是连续的，所以不可信。

玻尔兹曼50岁以后一直和马赫及以奥斯特瓦尔德为代表的唯能论辩论，后者的势力非常强大，而且还以哲学为背景。为了驳倒唯能论，玻尔兹曼甚至自己去研究哲学，也成了哲学家。玻尔兹曼甚至还做了妥协，他说，可以将原子和分子看成一种有用但不真实的模型，这样他对物理现象的统

计力学的解释就成立了。但是，很多人还是反对他。

到了1904年，情况变得对玻尔兹曼更加不利了，那时他已经60岁了。那一年，在美国圣路易斯举办了一个物理学会议，参加这个会议的很多物理学家反对原子论，玻尔兹曼甚至都没有被邀请参加这个会议的物理学部分，他只参加了一个叫"应用数学"的部分。1906年，玻尔兹曼的精神崩溃了，他辞掉了教授职位，在杜伊诺城堡中上吊自杀。

右面这张图是玻尔兹曼的墓地，他的雕像的上方写着玻尔兹曼发现的最重要的公式，公式左面那个 S 代表一个非常重要的物理量，叫作熵。下面，我们就谈谈关于熵的故事。

首先，什么是熵？这个名词看起来也挺怪的，我先给大家解释一下。我们前面说了，很多有秩序的系统，往往会变成无秩序，比如耳机线。熵这个物理

● 玻尔兹曼之墓 ●

量，就是用来衡量一个系统无秩序的程度的。我们前面看到了一些例子，例如在盒子里撒很多玻璃球，玻璃球倾向于越来越均匀地分布在盒子里，而不是只待在盒子的一边，更不会待在盒子的一个很小的角落，因为玻璃球均匀地分布在盒子里表现得最混乱、最无序。我们就说，当玻璃球均匀地分布在盒子里的时候，熵最大。熵总是增大，或至少不会变小，在物理学中被叫作热力学第二定律。

尽管经过我到此为止给大家的解释，我们已经能够接受熵这个概念，以及一个系统总是从熵小的状态变成熵大的状态了，但是，提出熵这个概念，并不是一件简单轻松的过程。熵当然不是玻尔兹曼发现的，他只是发现了关于熵的一个公式。那么，谁是第一个提出熵这个概念的人？

19世纪上半叶，有一个德国人，名叫克劳修斯，一直在研究当时已经被发明出来的一些蒸汽机的效率，他和比他更早的一些人同样发现，这些蒸汽机不会百分之百地将蒸汽的能量变成推动机器的能量，这是为什么呢？他就从他小时候就熟悉的一个小实验开始思考。那个小实验特别简单，不是别的，就是右图演示的实验。

在这张图中，有两杯水，然后我们用一个可以导热的 U 形铜片将两杯

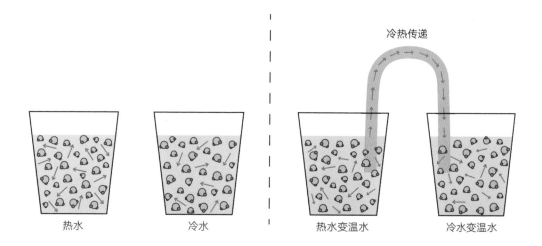

水连接起来。假如开始的时候，左边那杯水的温度比右边那杯水的温度高。过一段时间，我们再去量水温，就会发现左边高的水温降低了，而右边低的水温变高了。也就是说，热量从温度高的水传到温度低的水了。我们永远不会看到相反的过程，也就是温度高的水温度变得越来越高，而温度低的水温度变得越来越低。

这个简单的实验，是一门叫作热力学的学问的基础。克劳修斯小的时候，就注意到这个司空见惯的现象，而且还深思过，这到底是怎么回事呢？现

● 克劳修斯 ●

在，他已经长大了，面临一个更加复杂的问题，蒸汽机为什么不可能达到百分之百的效率？回想起小时候就思考过的问题，他灵机一动，也许，热量从温度高的地方向温度低的地方流动，代表着某种混乱度的提高，那么，干脆将这种混乱度叫作熵。

当然，他必须提出一个严格的公式来计算熵。这个公式其实很简单，在克劳修斯看来，一个系统熵的变化就是它得到的热量除以温度。这样，我们就可以很简单地解释热量为什么总是从温度高的地方向温度低的地方流动了，因为在这个过程中，温度低的地方熵的增加比温度高的地方熵的减少要大，这样加起来，整个系统的熵就变大了。

于是，克劳修斯就在他的文章中定义了熵，还表述了热力学第二定律：一个系统的熵不会减少，往往是变大。当然，克劳修斯在那个时候还没有找到热力学第二定律和蒸汽机的关系。但是，他已经觉得他离解释蒸汽机效率问题很近了。

不过，我们需要强调一下，克劳修斯用来定义熵的温度，不是我们通常用的摄氏温度，而是一种叫绝对温度的温度，这种温度是英国物理学家开尔文提出来的。

在克劳修斯提出熵和热力学第二定律之前，更年轻的开尔文就发现，任何物体的温度都不可能无限制地降低，存在一个最低温度，他将这个最低温度称为绝对零度。这个温度有多低呢？比水结冰的温度还要低差不多273摄氏度。也就是说，冬天里无论怎么冷，温度也不可能比零下273摄氏度更冷。这是一个了不起的发现。

比这个发现更加了不起的，是在克劳修斯提出热力学第二定律的第二年，开尔文就发现，热力学第二定律可以用来解释为什么蒸汽机不可能将所有的热量都转化成推动机器的能量。他的发现后来被称为热力学第二定律的第二种表述：我们不可能将任何一个带有温度的物体中的热量提出来全部变成推动汽车运动的简单的动能。

看上去，开尔文这个对热力学第二定律的表达与克劳修斯的表达完全不同。现在，我用伟大的玻尔兹曼的统计力学给小朋友解释一下，你会觉得确实很简单。

在玻尔兹曼看来，熵不过是一个物体中分子、原子运动的混乱度，温度越高的物体，里面的分子、原子运动速度越高，混乱度也就越高，这是

温度高的物体熵也高的原因。现在，我们重新看热传导过程。温度高的部分中分子、原子会将它们的能量通过碰撞传给温度低的部分中的分子、原子，这样，温度高的部分温度会降低，而温度低的部分温度就会升高。就这样，玻尔兹曼的统计力学轻轻松松地解释了克劳修斯的热力学第二定律。

再看统计力学是怎么解释热力学第二定律的开尔文表述的。假如我们可以将一个物体中的热量转化成一部汽车的能量，在玻尔兹曼看来，物体中的分子、原子的混乱度降低了，也就是说，熵变小了。但是，一部汽车不论是运动还是不运动，混乱度都是一样的。熵变小，怎么可能呢？

热力学第二定律说起来，就是时间有一个箭头，未来，熵只会越来越大。换句话说，我们只能看到热量从温度高的地方向温度低的地方传导，而不会看到相反的过程。现在，我们完全理解了"覆水难收"，因为，当一盆水渗到地板里的时候，那些水分子变得更加混乱了。

现在回头再说说开尔文。在他指出任何物体的最低温度是绝对零度的时候，他的名字可不叫开尔文，而叫威廉·汤姆孙。威廉·汤姆孙出生于1824 年，24 岁就提出了绝对零度，27 岁的时候仅仅比克劳修斯晚了一年提出热力学第二定律。他还做出了很多其他发现，比如测量地球的年龄。

● 开尔文 ●

正由于他的很多科学贡献，他在 42 岁的时候被英国政府封为爵士，在 68 岁的时候又被晋升为开尔文勋爵。现在，已经没有什么人知道威廉·汤姆孙这个名字了，开尔文却大名鼎鼎。另外，绝对温度的单位也叫开尔文。

我在这一讲开头的时候谈到《哈利·波特》中的魔法棒的神奇，它之所以显得神奇，就是因为它做的事情在现实世界中不会发生。魔法棒一指，脏乱的房间马上变得整整齐齐，这不可能，因为熵不会变小。那么，魔法棒能不能将一摊水变成冰？当然不能，为什么呢？因为水在液态状态下的熵比在结成冰的状态的熵要来得大，热力学第二定律不允许这种事情发生。另外，水变成冰的时候要释放热量，这些热量只能流动到水的外部。但既然本来水并没有结冰，说明外部的温度不比水的温度低，热量怎么会流出去？

同样，我们现在也知道了水结成冰的原因，那就是空气本身的温度降低了，低到比水变成冰的要求要低，这就是我们平时熟悉的零摄氏度。空气温度降到零摄氏度以下，水里面的热量才会释放到空气中去。

虽然我们用玻尔兹曼的观点很容易解释热力学第二定律，也就是说，时间只会向一个方向消逝，未来和过去是不一样的，热量只会从温度高的地方向温度低的地方流动，不存在《哈利·波特》电影中的魔法棒一指水就结成冰。可是，在玻尔兹曼活着的时候，还没有原子、分子存在的证据，所以玻尔兹曼活得很辛苦，最后不得不在1906年结束自己的生命。

是谁第一个找到原子、分子存在证据的呢？又是爱因斯坦。爱因斯坦在他发表狭义相对论的那一年，还发表了三篇关于布朗运动的论文，其中第一篇论文的题目干脆就叫《分子大小的新测定法》。什么叫布朗运动呢，给大家看一张图。

这是一杯水，水里面有一些微小的颗粒，这些颗粒其实肉眼看不见。1827年，54岁的苏格兰植物学家布朗午睡后醒来，想起上午做的一个实验还没有做完。上午的时候，他将一些花粉撒到一杯水里，等这些花粉慢慢溶进水里，然后就去做其他事情了。现在，他想起了他的那杯水，于是就拿起显微镜观察水里的花粉。这些花粉特别小，只有几微米，不用显微镜是看不到的。他看到的景象让他大吃一惊，原来这些花粉不但没有沉到杯底，还在水里到处乱动，一直不停地运动。这个发现后来被命名为布朗运动。

但好几十年过去了，没有人找到花粉运动的秘密，直到爱因斯坦在1905年发表了他对布朗运动的解释。他说，一个像花粉一样的小颗粒浮在水里的时候，它的四面八方都会遭到水分子的撞击。由于每个时刻水分子在前后左右撞击的次数不一样，以及每个撞击的水分子的速度也不一样，就会产生一个很随机的力，驱使花粉在水里不停地运动，但运动的方向是乱七八糟的。爱因斯坦给出了一个方法，如果你能测量出花粉随着时间运动的距离，你就能测量一个非常重要的量，这个量叫阿伏伽德罗常数。那么，阿伏伽德罗常数又是什么？如果我们假定任何物体都是由分子、原子构成的，比方说，氢气是由氢分子构成的，那么2克氢气中含有的氢分子个数就叫阿伏伽德罗常数。

爱因斯坦说，任何液体，比如说水，也是由分子构成的。那么，花粉在水里运动，既和有多少水分子有关，也和水分子的平均速度有关。分子的速度呢又和温度有关，这样，如果你测出了水的温度以及花粉是怎么运动的，你就可以倒推出水里有多少分子。既然你都能测出有多少分子了，分子当然也就存在啦。当然，这种方法不是直接看到分子的办法，是一种间接的办法。比爱因斯坦稍稍晚一点，波兰物理学家斯莫卢霍夫斯基也发表了同样的理论。

尽管 1905 年爱因斯坦就发表了布朗运动的理论，但直到 1908 年，法国物理学家皮兰才经过细心的实验将阿伏伽德罗常数测出来，这个时候，距玻尔兹曼自杀已经有两年时间了。皮兰测出来的阿伏伽德罗常数是 6000 万亿亿。1926 年，皮兰因他布朗运动的实验获得了诺贝尔物理学奖。

当然，今天我们的电子显微镜已经强大到可以直接看到原子和分子了，比如下页这张图就是电子显微镜下的一种材料，我们可以清楚地看到原子。

回到时间箭头这个话题上来。自从玻尔兹曼用统计的观点解释了热力学第二定律之后，物理学家其实开始为另一个问题焦虑，是什么问题呢？

要解释这个问题，我们得先给大家交代一下，尽管在自然界中，我们看到的所有物理过程基本上都没有反向的过程，但是，如果我们将所有的

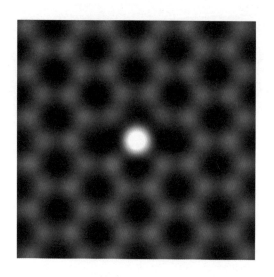

过程拍成电影，然后回放，物理学家发现，其实在这些不可能的过程中物理学定律照样成立。那么，物理学定律照样成立的这些过程，例如热量从温度低的地方流向温度高的地方，为什么没有在自然界中发生呢？这就是物理学家焦虑的问题。

仔细一想，其实问题是这样的：在反向放映的过程中，一个系统总是从更加混乱的状态过渡到更加有秩序的状态，这是熵减少的过程，当然不可能发生。这同时说明了，我们的宇宙本来开始于熵很少的状态。所以，物理学家将这个问题变成了：为什么宇宙在开始的时候熵特别少？

　　读过《给孩子讲宇宙》的小朋友也许还记得，我们的宇宙开始于一场大爆炸，在大爆炸发生的时候，整个宇宙被密度非常高的粒子气体充满，那个时候宇宙的熵比现在小得多。为什么宇宙会开始于这样一个状态？物理学家必须解释这个问题。后来，物理学家想到一个更加不可思议的解决方案，在宇宙充满粒子气体之前，宇宙还经历了一个更加暴烈的过程，在这个过程中，宇宙在远远不到 1 秒的时间内，膨胀了 100 亿亿亿倍，这个过程叫暴胀。这个理论是美国物理学家阿兰·古斯发明的，我这里就不去讲他为什么会发明这个理论（在第 3 讲中我们再说这件事情），我只是告诉大家，现在多数物理学家和天文学家同意宇宙确实开始于暴胀。

　　宇宙在暴胀的时候，状态更加特别，也就是说，熵基本可以忽略不计，为什么呢？因为在暴胀的时候，根本不存在任何粒子，只有单纯的能量。到底是一种什么能量呢？物理学家至今还没有弄清楚，但有一件事是明白的，没有粒子只有能量，所以状态很简单。如果有人给你一个空盒子，里面是简单的真空，你能说这个系统很复杂很混乱吗？它的熵等于零。宇宙在暴胀的时候，虽然有能量，但它和一个真空的盒子差不多，熵基本等于零。

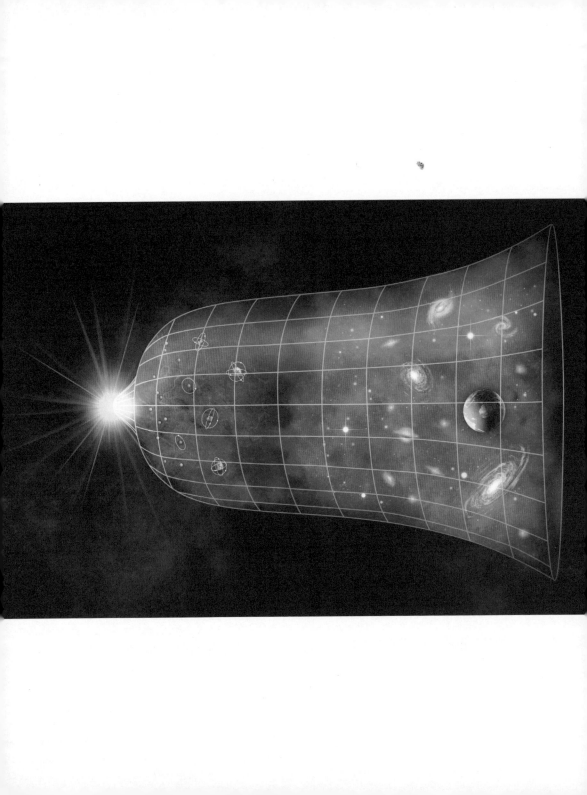

这样，我们就很好地解释了为什么宇宙开始的时候状态很特别。正因为宇宙开始的时候状态特别，时间才有了箭头，因为宇宙作为一个系统只能变得越来越混乱。

这一讲到此为止，我们谈的都是物理学的时间箭头，现在，我们谈谈心理学的时间箭头。这个时间箭头更加明显，因为，我们每一个人都知道，我们只记得过去发生的事情，没有人能够预言未来会发生什么事情。也就是说，我们的大脑明确知道过去和未来的区别，这是一个时间箭头。

虽然现在科学家并没有完全弄清楚人类的大脑到底是怎么工作的，但有一点是很清楚的，就是当我们学习和记忆的时候，我们大脑中的神经元会形成一定的排列组合，以某种方式相互关联起来。怎么理解这件事呢？一个最为简单的比方就是中国传统的算盘。

本来，当我们生下来的时候，什么也不记得，就像一个算盘中的所有算盘珠处于最低的状态。现在，我们向上拨一个算盘珠，算盘就改

变了，记录了一个数字。再拨几个算盘珠子，算盘的状态又改变了，记录一个更大的数字。

想象一下，我们的大脑接触外部环境的时候，通过观察和学习，它里面的神经元就像算盘珠，改变了状态，这就是记忆的过程。拨算盘珠需要能量，同样，我们的大脑工作的时候也需要能量。我们学得越多，消耗的能量也就越大。比如你读这本《给孩子讲时间简史》，快的话需要一天时间，慢一点可能需要好几天。你越是集中注意力记住这本书带给你的知识，你消耗的能量就越大。据科学家估计，一个人在认真思考的时候，大脑消耗的能量大约占我们身体消耗能量的三分之一。

我为什么要给大家讲大脑耗能这件事呢？你有没有想到，我们消耗的能量越多，吃进的食物也就越多，排放的东西也就越多，这会造成什么后果？造成我们环境的熵变得越来越大。你看，学习以及记忆的代价，是让我们周围环境的熵变大。换句话说，我们心理的时间箭头，居然和环境的物理时间箭头是有关系的。

所以，我们不可能预测未来，主要是因为未来的熵比现在大。其实，计算机的功能也是这样，计算机在存储和运算的时候，每时每刻都在消耗

能量。当然，我们不必太为消耗能量担心，毕竟，太阳还有好多好多能量在源源不断地提供给我们。

现在我们知道了，大脑的记忆越多，存储的信息也就越大。那么，信息这种东西，到底是什么？

假如我给你好多字，比如说像这本书一样，4万多字，然后你随便排列，毫无疑问，你不会看懂这本书，因为所有的字都是混乱的。

不信，我们将上面这段话打散成这样：

"多比说像这本假书一，4无是混疑你，万你多字，然我懂如你便排列，毫问，不会好看这的随样本给书，因为所字后有如的字都乱。"

你仔细对照一下，完全一样的字，但你看得懂吗？我们就得到这样的结论：乱七八糟的一堆字不会有任何信息。但是呢，因为它们很混乱，熵却比较大。

熵大而信息少，这是克劳德·艾尔伍德·香农在1948年发现的。香农是美国数学家，在贝尔实验室整整工作了31年。贝尔实验室是一个什么地方呢？它属于美国电话电报公司，顾名思义，这个实验室主要的任务之一就是研究通信。尽管香农是一位数学家，但他也研究通信。那时，电报还是一个很重要的通信手段，香农那时要弄明白，怎样才能办到即使电报出错了，也能让接收电报的人看懂这封电报。

小朋友们可能不知道什么是电报。其实就是一个电报机，一个人坐在那里不停地按一个电钮，然后电报机通过无线电将一条信息发出去。尽管电报机和我们现在常用的手机完全不同，但工作原理没有什么特别不同。

电报的无线电信号发出去了，接收电报的一方通过电报接收机将无线电信号翻译成文字，就像下面这张图。

香农研究的结果，我们现在很容易理解。比方说，我们写一个带有两个字的句子，如果每一个字都很确定不会错，当然这个句子的意思也不会错。如果这个句子中的每个字错的概率是一半，那么，这个句子很可能完全无法理解。他就这样得到了一个非常重要的公式，这个公式告诉我们，一句话里的信息含量有多少。当然，句子越长，信息量就越大。

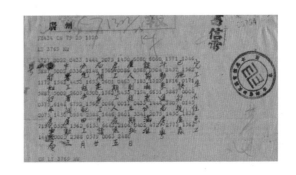

● 香农 ●

香农得到的信息公式，正好和熵相反：一段话的熵越大，信息就越少。小朋友们都听说过比特吧？这是香农发明的，比特越多，信息就越多。相反，比特越少，信息就越少。一堆乱七八糟的字，没有什么比特，熵倒是不小。

总结一下这一讲：

在宇宙中，熵总是越来越大，这给时间带来了一个箭头，未来不同于过去。熵变大的原因归结于我们宇宙在最初的时候，处于一个十分简单的状态。在这个物理时间箭头之外，还存在我们的心理时间箭头，这两个时间箭头正好是关联的。

⑤ 延伸阅读 ⑥

1 水结成冰，到底能释放出多少热量呢？ 1 千克的水，如果温度是 0 摄氏度，在结成 0 摄氏度的冰的时候，会释放出约 80 大卡的热量。大卡是普遍用来计量热量的单位，比方说，一个成年人每天需要大约 2000 大卡的热量。

2 如果我们用物理学中更加通用的能量单位焦耳来表达，那么 1 大卡大约是 4000 焦耳。焦耳又是什么呢？将 100 克的物体提高 1 米，需要的能量大约就是 1 焦耳。现在我们可以计算 1 千克的水和 1 千克的冰在 0 摄氏度时熵的差别了，就是用 330 千焦除以 273 开尔文。这个熵差看起来不是一个巨大的数字，但是从玻尔兹曼的统计力学的观点来看，差别巨大。

3 我们在正文中主要谈了热力学第二定律，也就是说，一个系统的熵不会变小。当熵维持不变的时候，我们会说，这个系统处于平衡态。任何用不会散热的材料包裹起来的固体、液体以及气体，到了最后都会变成温度到处均匀的平衡态。

④ 任何两个物体，将它们放在一起，根据热力学第二定律，热量总是从温度高的那个传递到温度低的那个，最终，两个物体的温度变成完全一样的。这个结论又叫热力学第零定律。

⑤ 既然有热力学第零定律和第二定律，肯定就有热力学第一定律。这是什么呢？其实很简单，就是能量守恒。一个最简单的例子就是两个物体放在一起，一个物体释放了多少热量，另一个物体就吸收了多少热量。当然，能量守恒的意义比吸收和释放热量更普遍。比如，在化学反应中，还有化学能；在电力转化成其他能量时，还有电能；等等。

⑥ 第一个发现能量守恒的人是英国物理学家焦耳，所以后来能量的一个单位就叫焦耳。在焦耳发表能量守恒之前，德国医生迈尔就发现了热能在变成机械能的过程中能量是守恒的。后来，迈尔又发现人体消耗过程中能量也是守恒的。

⑦ 克劳修斯是第一个提出热力学第二定律的人，尽管他是通过研究蒸汽机效率发现这个定律的，但他可不是第一个研究蒸汽机

的效率的人。第一个系统研究蒸汽机效率的人是法国工程师尼古拉·卡诺。

8 开尔文发现，所有物体都会有一个最低温度，也就是绝对零度，但物体可以在一个有限时间内达到绝对零度吗？德国物理化学家能斯特发现，这是不可能的。这条定律叫热力学第三定律。

9 有人读过《给孩子讲量子力学》吗？如果你读过那本书，就知道，量子力学中有一个不确定性原理。这个原理告诉我们，含有原子和分子的一个物体，即使我们将它的温度降到绝对零度，那些原子、分子还会含有能量，因为一个原子或一个分子不可能绝对地不动。

10 在玻尔兹曼研究统计力学之前，麦克斯韦就研究了统计力学。他也假定一个气体是由分子构成的，他还推导出了第一个统计力学中的公式。这个公式是关于气体中的分子运动速度的，叫麦克斯韦分布。

⑪ 从玻尔兹曼对统计力学的研究，我们还可以推出一个很神奇的定理，叫能量均分定理。比方说一个由简单的原子构成的气体，每个原子的能量和这个原子可以在几个方向上运动有关。假如原子不是那么简单，还可以转动，那么这个原子的能量会更大一些。

⑫ 由于热力学第二定律，19世纪曾经出现过热寂说。什么是热寂说呢？我们知道，热力学第二定律告诉我们，一个封闭的体系最终会趋向一个平衡态，在平衡态中温度到处都是一样的。既然如此，宇宙中各种天体燃烧到最后，会不会变成一个温度一致的大气体？这就是热寂说。

⑬ 现在没有什么人相信什么热寂说了，为什么呢？因为万有引力的存在。

⑭ 万有引力为什么打破了热寂说？霍金在20世纪70年代发现黑洞不黑，因此任何黑洞都有一个温度，由此可以推出任何一个黑洞都有熵。既然黑洞有熵，那么万有引力也有熵。所以，宇宙最大熵的状态不该是温度一致的气体，而是到处都是黑洞的状态。

⑮ 但是，黑洞本身既然有温度，黑洞也不会永远不变，黑洞会蒸发，最后都释放成粒子了。时间长了，粒子又会在万有引力作用下形成各种天体。

⑯ 当然，上面的论证是假设宇宙中没有暗能量的情况下做出的。在《给孩子讲宇宙》中我给大家谈了暗能量。在那里，我没有谈到的是，有了暗能量的宇宙，还有更大的熵，这个熵比起各种天体和黑洞来说，要大得多。

⑰ 科学家还没有能够彻底理解暗能量，在这种情况下，就很难预言宇宙在未来会是什么样子。

⑱ 香农定义了信息，他的定义不仅在信息论中非常重要，在物理学里也很重要。20 世纪的科学家们还借用了香农的研究，定义了量子力学中的熵。要知道，在玻尔兹曼的时代只有经典物理，他对熵的定义无法应用在量子力学中。

⑲ 人类的大脑到底是如何工作的？大脑处理信息的过程到底是怎样

的？这些问题并没有完全解决。在解决这些问题之前，也许我们不能说完全理解了心理学时间箭头。

20 未来，量子计算机的出现，也许会有助于我们真正理解人类的大脑。

令人生畏的暴胀

第 3 讲

我们已经从古代计时讲到现代计时，再讲到时间的箭头。所谓时间简史，其实就是整个宇宙的历史。

　　在《给孩子讲宇宙》中，我给大家讲了宇宙大爆炸的理论，在这一讲中，我不重复宇宙大爆炸理论的细节，但为了讲好在上一讲中提到的宇宙暴胀，也必须简要地回顾一下宇宙大爆炸。

　　当我们抬头看天的时候，天上除了太阳和月亮之外，夜晚还有璀璨的星空，我们看到的，除了一些太阳系中的行星，更多的是恒星。这些恒星其实和太阳一样，都是一刻不停在燃烧的巨大天体。自从伽利略发明了望远镜之后，天文学家还发现，有一些看上去像恒星的天体，经过望远镜的放大，其实是和银河系一样的星系，这些星系里头含有上千亿颗恒星。

20 世纪 20 年代，哈勃通过使用当时最大的望远镜做出了一个惊人的发现，原来，这些星系几乎没有例外地离我们越来越远，也就是说，它们以很高的速度向外面跑去。跑的速度有多大呢？最近更加精确的测量告诉我们，一个距离我们300 万光年的星系，它向外跑的速度达到了每秒68 千米。在哈勃之后，科学家用爱因斯坦的广义相对论得到了我们宇宙的历史图景：整个宇宙就像一个巨大的面包不停地膨胀，而上千亿个星系就像镶嵌在这个巨大面包中的葡萄干，相互之间的距离随着面包的膨胀越来越远。

如果我们将整个宇宙倒推回去，这个宇宙起源于大约 137 亿年前的一场大爆炸。为什么说是大爆炸呢？因为那个时候，还没有恒星，更没有星系，只有炙热的基本粒子气体，这个气体温度很高很高，膨胀的速度很大很大。温度高到什么程度？在大爆炸发生后的 1 秒，整个气体的温度高达100 亿开尔文，大约是太阳中心温度的 1000 倍。随着宇宙继续膨胀，气体慢慢冷却，然后，一些恒星才开始形成。恒星形成之后，星系才开始形成。当然这么说有点太简化了，其实，有些恒星形成得比较早，有些恒星形成得比较晚。

聪明的小朋友现在可能会问了，那么，宇宙为什么会发生大爆炸？大爆炸中的粒子气体又是怎么来的呢？这正是 20 世纪 70 年代末，一位不修边幅的物理学博士后思考的问题，这个人叫阿兰·古斯。

古斯其实并不是研究宇宙的，而是研究基本粒子的。可以说，他小时候也是一位神童，17 岁高中毕业后就考上了麻省理工学院的一种特别班，进入这

● 阿兰·古斯 ●

种特别班的人，可以在 5 年内同时拿到学士和硕士学位。就这样，1969 年，那年他 22 岁，就同时拿到了物理学学士和硕士学位。又过了 3 年，也就是 1972 年，他拿到了物理学博士学位。可是，尽管他在粒子物理的研究上很成功，却连续做了 9 年博士后，都没能找到助理教授位置。我为什么说助理教授，而不提其他教授职位呢？因为在美国，研究物理的人在拿到博士学位之后，通常要做一任到两任博士后，再到处申请助理教授职位。再然后，

一般是辛辛苦苦做了 5 年研究之后才能拿到副教授职位，在美国，副教授基本上就是永久职位了。

为什么古斯物理学研究做得很好，却在 9 年中不得不做临时工一样的博士后呢？这和他的出生年代有关。他出生于 1947 年，第二次世界大战刚结束两年，那几年，美国出生了很多婴儿，称作婴儿潮。从 1946 年到 1964 年，在这十几年间美国大约有 7600 万孩子出生。等这些人长大了，因为人太多，工作就不好找。古斯正是婴儿潮早几年出生的，就很难找到正式教职了，往往几十个博士后中只有一个人能找到教职。这一代人，被称为失去的一代学者。

到了 1979 年，古斯已经在两所大学做过博士后，正在第三所大学也就是康奈尔大学做博士后，好像并不在乎能不能找到助理教授位置，因为他比较呆萌，觉得能有口饭吃就很好了，不影响他做研究就行。也该他时来运转，就在一年前，有个大名鼎鼎的宇宙学家来到康奈尔做学术演讲，这个人叫罗伯特·狄基。

为什么说狄基大名鼎鼎呢？因为他做出了很多重要发现和发明。比如说，他发明了狄基辐射计，这是一种雷达。这种雷达在 1964 年被两位物理

学家用来探测到了宇宙中无所不在的微波辐射，而这种微波辐射正是宇宙大爆炸遗留下来的，叫宇宙微波背景辐射。有趣的是，当那两位物理学家探测到宇宙微波背景辐射时，狄基本人和他的助手们正打算寻找它。可是偏偏被另外两位物理学家发现了，而这两个幸运的人是偶然发现的，因为他们那时并不懂宇宙学。

1978 年，62 岁的狄基来到康奈尔演讲。在这个演讲中，他给他的听众解释了宇宙大爆炸学说中存在的一个问题，而古斯正是听众中的一员。

这是一个什么问题呢？要弄明白这个问题，我们得从宇宙中的星系分布讲起。尽管宇宙看上去一点也不均匀，比方说，在太阳系中，绝大多数的物质都在太阳里，其次还有一些行星、小行星和彗星，大部分的空间是空的，什么也没有。所以，太阳系看起来，就物质分布而言，很不均匀。同样，我们用望远镜看看银河系，除了恒星和分子云之外，空间也大多数是空的。比银河系更大的空间呢？除了星系之外，也多数是真空。所以，在几百万光年甚至上千万光年范围内，宇宙中的物质分布是不均匀的。

如果我们用更大的尺度来看宇宙呢？要知道，我们能够看到的宇宙，大到差不多有 900 亿光年，在这个巨大的尺度上，宇宙看上去是什么样子

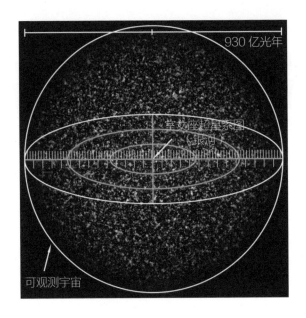

的呢？原来，宇宙在这么大的尺度上物质分布基本上是均匀的，其实，在2亿光年以上，宇宙看上去就是均匀的了。

打个比方，我们坐船在大海上航行，如果有风的话，大海会很不平静，海面上波浪起伏一点也不均匀。如果我们坐飞机在很高很高的高空向下看呢？基本上就看不到大海的波浪了，只看到平滑如镜的海面。也就是说，在大尺度上，大海的海面是均匀的。

除了物质在宇宙的大范围上分布是均匀的，宇宙微波背景辐射也是均匀的。其实，宇宙微波背景辐射的分布比物质分布更加均匀。道理很简单，因为微波顾名思义就是电磁波，也就是光，我们知道光是由光子组成的，而光子根本没有质量，不会像物质一样形成一团一团的结构。

在那个演讲中，狄基还说了，其实越是在早期宇宙就越均匀。这个问题很深刻，因为在大爆炸刚刚发生的时候，宇宙更有可能像小孩随手撒的东西，会很不均匀。演讲做完了，狄基甩甩手走了，古斯却为这个问题苦苦思索了很长时间。

最终，他得到了解答，解决的方案其实非常简单。想象有一块薄薄的橡皮——就是气球材料的那种橡皮，开始的时候，这块橡皮皱巴巴的，也就是说一点也不均匀。现在，假设有机器拉住橡皮的四周同时向外拉开，将这块橡皮拉得比开始的时候大很多很多，原来皱巴巴的样子不见了，被拉大的橡皮看上去平平坦坦。古斯后来想到的解决方案和拉伸橡皮非常类似，可是，为什么这么简单的方案他却花了差不多一年时间才想到？

尽管这种办法简单粗暴，可是，有什么东西能够使得宇宙被猛烈地拉伸？这就不得不提到 1979 年年初，也就是狄基在访问康奈尔大学的大半年

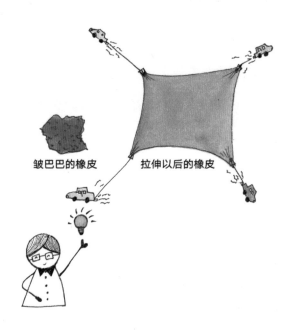

皱巴巴的橡皮　　　　　拉伸以后的橡皮

后，另一位著名物理学家访问康奈尔大学的事。这位物理学家就是在当年晚些时候获得诺贝尔物理学奖的温伯格，温伯格在康奈尔的演讲涉及一种叫作大统一的理论。

　　先简单说一下什么叫大统一。我们知道，很多物理现象，开始的时候表面上看上去完全不一样，比如说电和磁以及光，完全是三种现象。后来，经过物理学家的长期研究，不同的现象就会统一起来，麦克斯韦将电和磁

以及光统一成一个完整的电磁理论。同样，温伯格等人在 20 世纪 60 年代
将一种叫弱相互作用的原子核中发生的现象和电磁现象统一了起来，这种
新的统一叫作弱电统一理论，这是温伯格和另外两位物理学家在 1979 年获
得了诺贝尔奖的原因。

但是，1979 年年初温伯格在康奈尔大学演讲中谈到的大统一理论的野
心更大，这个理论试图将除了万有引力之外的所有物理学现象都统一起来。
但遗憾的是，直到今天，这种大统一理论还没有得到实验证据的支持。

当时，古斯除了思考宇宙的起源，其实也在研究大统一理论。温伯格
在演讲中提到，如果大统一理论是正确的，那么，经过认真的计算，我们
就可以解释宇宙早期为什么粒子比反粒子多出那么一点点。那么，什么是
反粒子呢？我们平常看到的物质，都是由分子、原子构成的，分子、原子
又是由基本粒子如电子等构成的。早在 20 世纪 20 年代末，狄拉克就预言了，
每一种基本粒子都有对应的反粒子，例如，电子的反粒子就是正电子。当
然啦，这个预言后来被很多实验证实了。可是，反粒子通常很少很少，物
理学家可以在粒子加速器里制造出反粒子，但在宇宙中，基本上所有天体
都是粒子构成的。不过，如果我们追溯到宇宙早期，当宇宙温度很高很高

的时候，应该存在很多反粒子，而粒子的数量只比反粒子多出那么一点点。

为什么粒子的数量比反粒子的数量多出一点点呢？这是一个困扰物理学家很多年的问题，因为啊，根据基本粒子理论，反粒子的表现就和粒子一样，如果宇宙是公正的，反粒子的数目就该和粒子的数目一样多。但是，假如反粒子的数目和粒子的数目一样多，宇宙在大爆炸发生后的1秒，所有粒子和反粒子就会互相寻找到对方变成光子了，也就是说，现在我们这个宇宙会只存在光，不存在任何其他天体。

温伯格在他在康奈尔大学做的演讲中告诉大家，只要大统一理论是正确的，那么，反粒子的表现确实和粒子的表现有点不一样，那么，精确的计算就能解释粒子和反粒子不对称的问题。当然啦，因为大统一理论至今没有实验证据，温伯格那时的想法到底对不对，我们现在还不知道。

可是，温伯格的演讲给听众之一古斯带来了启发。因为，在大统一理论里面存在着一种真空能量，这种真空能量很大很大。古斯就想了，终于找到我想要的东西了，假如宇宙在充满粒子气体之前是这种真空状态，那么，这么大的真空能量不正好可以使得宇宙在极短极短的时间内被拉伸很多很多倍吗？

　　古斯因自己的想法激动得睡不好觉，第二天，他将自己的想法告诉康奈尔大学的助理教授戴自海，他说，大统一理论可以给宇宙带来一个巨大的膨胀，这种膨胀就叫暴胀吧。戴自海被古斯说服了，而且，戴自海在讨论中还告诉古斯，其实这个暴胀图像还可以解决他们过去讨论过的另一个问题。

　　关于这另一个问题，古斯也思考了很久。要说明这个问题，我拿一锅水来做比方。任何小朋友都可以在自家厨房做这个实验，或者为了安全起见，让家长做这个实验。将一锅水放在煤气炉上，打开煤气烧这锅水，你会看到，起初，是锅底出现小气泡。这些小气泡的出现是因为锅底的温度最高，

率先达到 100 摄氏度。大家知道，这是水变成水蒸气的温度。但是，水不是一下子都变成水蒸气的，而是通过先形成小气泡的方式。

随着温度继续升高，水里面会出现更多气泡，直到整锅水都达到 100 摄氏度，那么，水中所有地方都会出现气泡。你会问，这和宇宙有什么关系？关系很大。在类似大统一理论中，宇宙在早期的时候，也就是远远早于 1 秒的时候，情况很像一锅水，只是，那时的宇宙中存在的不是水，而是大统一理论中的一种特殊的场，这种场可以采取两种状态，一种我们用液态水来比喻，另一种用气态水来比喻。

因此，极早期宇宙很像这锅水，但是，这锅水又不会全部变成气态，更有可能的是，宇宙会成为很多很多气泡挤在一起。

聪明的小朋友很快发现，如果是这样，那就坏了，因为很多气泡挤在一起，会造成宇宙极度不均匀，比方说，气泡壁的能量密度就比气泡大很多。这就是古斯和戴自海讨论过的问题。

但是，古斯的暴胀论一下子解决了这个问题：不错，宇宙确实是不均匀的，但是，现在我们能够看到的宇宙，在暴胀结束后，都含在一个气泡里面，其他的气泡我们根本看不见。换句话说，其他气泡可以被看成其他的宇宙，对我们看到的宇宙基本没有影响。

古斯在获得暴胀这个超级想法后，并没有马上发表，而是去斯坦福大学待了一年。1980 年，他在斯坦福的一次学术演讲中第一次公布了这个想法。巧合的是，温伯格也在场。演讲结束后，温伯格显得非常生气，古斯胆战心惊，觉得这个大人物也许不认可他的想法。其实，温伯格通常只会在一种情况下生气，就是看到别人抢先想到了一个重要的物理学观点。

那时，我们中国改革开放，戴自海教授就回到了上海看望他的奶奶。就这样，他错过了和古斯一同发表第一篇论文的机会。1980 年 8 月，古斯独自一人向美国的一家学术刊物投了一篇稿子，论文的标题是《暴胀宇宙：对平坦性问题和视界问题的一种可能解决方案》。

什么是视界问题？就是我们前面提到过的均匀性问题，"视界问题"不过是物理学家的一种学术说法。那么，什么是平坦性问题呢？这个问题也容易解释，比方说，在一个风平浪静的大海上，假如空气也特别干净，你会发现，你能够看到的远方并不是特别远，最远的海面形成一个圆，这个圆的半径只有 5000 米左右。事实上，我们常说的地平线或海平线就是这个圆。这个圆之内的海面当然是地球这个球面的一个极小的表面，原则上不是平的，是微微向上凸起的。但由于这个圆的半径只是地球半径的千分之一不到，因此看上去基本是平的。假如一个动物的身高只有我们的十分之一，对它来说，远方的海平线更近，只有 500 米。在 500 米范围内，海面就更加平坦了，原因是地球的半径相对 500 米显得更大。我们可以将假想的动物想得越来越小，那么它看到的海面就越来越平。

还是那位狄基，在 1978 年的康奈尔演讲中提到了平坦性问题。他说，根据宇宙的现状，我反推到宇宙早期，越是早期，宇宙就越发显得平坦，这是为什么呢？

暴胀论很好地解决了这个问题，这是因为，在暴胀结束的时候，宇宙已经被拉大了 100 亿亿亿倍，即使开始的时候宇宙是个很弯曲的空间，拉大这么多倍后也被拉平了。

我们如何理解这 100 亿亿亿倍呢？可以这样想：地球到太阳的距离是 1.5 亿千米，而一个质子的大小是一千万亿分之一米，将一个质子拉大到地球到太阳之间这么大的空间，大约就是放大了 100 亿亿亿倍，这是一个何等暴烈的放大。

我们可以再问一下，如果将我们现在这个直径大约有 900 亿光年的宇宙回推到暴胀结束的时候，它有多大呢？其实，答案和驱动暴胀的真空能大小有关。一个比较普遍被接受的看法是这样的，暴胀结束后，我们的宇宙在那时可能只有一个篮球那么大。现在你想象一下，将质子放大 100 亿亿亿倍我们得到的是地球到太阳之间这么大的空间，那么，我们的篮球应该是从一个更小的微观宇宙来的。但是，不论那个微观宇宙到底是什么样子，已经不重要了，所有细节都被暴烈的暴胀给抹杀了。

关于暴胀的故事，我们迎来了一个喜剧性的结尾。1981年，古斯的暴胀理论得到物理学家的普遍承认，他很快在他就读的母校麻省理工学院获得了一个副教授职位，而且是终身的。古斯是为数不多的失去的一代学者中的幸运儿。

古斯后来一直没有离开过麻省理工学院。2005年，古斯的同事提名他去竞争《波士顿环球报》的最脏乱办公室奖，他得奖了，这个奖每次只颁给一个人，可见他的办公室乱到什么程度。顺便提一下，2013年，就是这家《波士顿环球报》被纽约时报公司卖了，这个事件曾经被当成传统媒体衰败的案例来宣传。

成名多年后，一家出版社邀请古斯写一本科普书。他在西方的理论物理学界和宇宙学界名气确实很大，出版社很看好他的书。这件事我在1993年，最晚1994年就听说了。故事还说，出版商预付了他100万美元稿费，他将这笔钱用来在麻省剑桥买了一个大房子，却迟迟不动手写书。到了我离开罗德岛两年后，也就是1998年，他的书才终于出版，书名为《暴胀宇宙——追寻宇宙起源的新理论》。我不知道这本书卖得好不好，出版商有

没有将预付稿费赚回来。反正，这本书现在在美国亚马逊的排名可不高，只有23万多名。相比之下，霍金的《时间简史》是142名，霍金的书还早出了10年。

在这里我给大家做一个预言，那就是，古斯迟早会获得诺贝尔物理学奖。并且，不得不提一个很令人遗憾的事实——最早和古斯讨论暴胀的华人物理学家戴自海教授尽管后来和古斯一同写了一篇论文，但因为访问亲戚，错过了和古斯一同提出暴胀论的机会。

另外，很有可能还有两个人会和古斯分享诺贝尔奖，这两位都是俄国人，一位叫斯塔罗宾斯基，另一位叫林德。这是什么原因呢？先说林德，他在古斯之后第一个提出了现在最流行的暴胀版本，这个版本要比古斯的版本优越得多。至于斯塔罗宾斯基，其实他比古斯更早地提出暴胀理论，只是，当时他并不知道暴胀理论可以解决我们前面说的宇宙均匀性问题和宇宙平坦性问题。

那么，好奇的小朋友现在可能会问了，既然某种真空能量在宇宙非常早期的时候推动了宇宙进行剧烈的暴胀，那么，宇宙暴胀为什么没有持续进行下去？为什么我们的宇宙今天不再暴胀了？当然，如果宇宙一直在暴胀，它会变得非常非常大，远远大于今天的 900 亿光年，同时，宇宙中也不可能出现美丽的恒星和星系，因为任何像恒星这样的东西早就被持续不停的暴胀拉得粉碎，其实，它们根本就没有机会形成。

科学家并不十分清楚暴胀是怎么结束的，但有一点非常清楚，在远远小于 1 秒的时间里，暴胀就结束了。为什么暴胀会结束呢？因为推动暴胀的真空能在将宇宙从一个极其微观的状态拉伸到篮球大小之后，就因为某种原因几乎完全变成了粒子气体。在真空能变成粒子气体的过程中，能量是守恒不变的，但是，当能量完全被粒子气体携带时，宇宙的暴胀立刻放慢了下来。要知道，暴胀过程尽管非常短，但空间中没有粒子，只有真空能，我们可以说那时宇宙的状态非常简单，这就是我们在上一讲中说到的，暴胀过程中宇宙的熵非常小，接近零。当真空能转变成粒子气体之后，宇宙的熵立刻变得很大，因为宇宙虽然只有篮球大小，但温度远远高于 100 亿开尔文。我们在上一讲中说到过，温度越高，混乱度就越高，熵就越大。

但是，我们也知道，随着宇宙的膨胀，粒子气体的温度会降低。你可能会问，温度降低熵不就降低了吗，这不是和热力学第二定律矛盾吗？其实没有矛盾，温度降低了，但宇宙的体积却变大了，宇宙的总熵并没有降低。

在谈暴胀论的一个非常重要的推论之前，我们重复一下暴胀论解决的两个重要问题。第一个问题是，早期的宇宙中粒子气体为什么非常均匀？第二个问题是，早期的空间为什么看上去很平？这都是因为暴胀，暴胀将任何发生在暴胀之前的粒子稀释掉了，而后来的粒子气体来自真空能的转变；同时，暴胀将任何空间的弯曲也给拉直了。

那么，既然在暴胀结束之后，粒子气体完全是均匀的，那么，后来的恒星和星系怎么可能形成呢？这是一个非常重要的问题，而这个问题的答案恰恰就是暴胀论的一个推论！

天文学家经过计算发现，如果我们希望在宇宙大爆炸发生的上亿年后，恒星就会出现，那么，宇宙中就必须存在物质的不均匀性。一个微小的不均匀，就会慢慢形成恒星以及星系。这是为什么呢？很简单，想象一下，假如粒子气体在一个区域要浓一点，那么，在万有引力作用之下，这个区域就会出现更多的粒子气体，因为粒子气体稀薄的地方万有引力小，所以这些区域的粒子气体会被粒子气体浓的地方吸引过去。

显然，任何不均匀性都不是无缘无故发生的，向前推，一直推到暴胀结束的时候，刚刚产生的粒子气体就得有点不均匀。科学家经过计算发现，

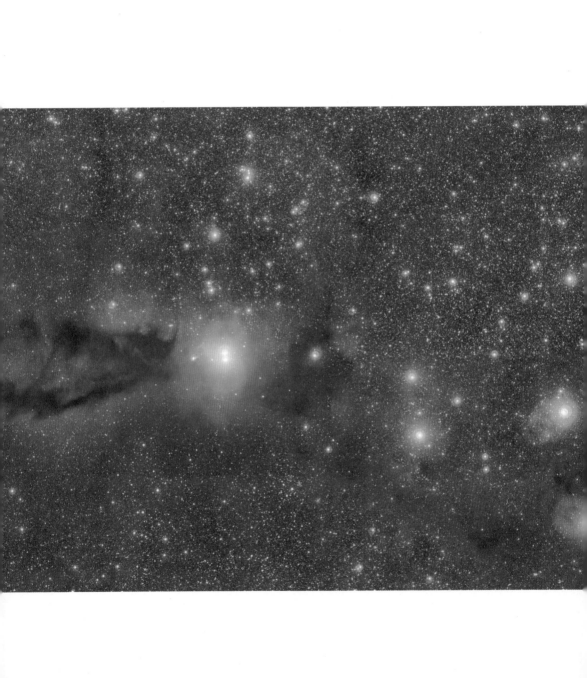

最初的不均匀不需要特别大，只要有十万分之一的不均匀就可以了。

那么，这个十万分之一的不均匀性是怎么产生的呢？我们前面不是说过，任何不均匀性都会被暴胀稀释掉吗？现在，量子力学要发挥很大的作用了。

不论你有没有读过我的《给孩子讲量子力学》，我现在都帮你解释一下量子力学里面的一个重要原理，就是不确定性原理。不确定性原理告诉我们，任何物体，不论大小，都有不确定性。比如说电子，它的位置不是完全确定的。当然，物体越大，不确定性就越小。我们扔一块石头，看起来它有个确定的轨道，这是因为石头比较重，也就是质量比较大，其实，

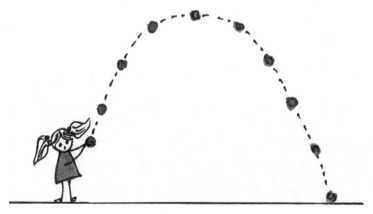

● 石头的轨迹 ●

如果我们要求轨道特别精确，它就没有那么确定了。电子的质量比较小，所以根本就不存在轨道，任何时候电子的位置都是不确定的。

可能接下来你就知道我要说什么了，在暴胀过程中，其实真空的能量也是不确定的。被你猜中了，的确，在暴胀过程中，能量会时大时小。但我们还有一个问题需要解决，这种时大时小的能量不确定性是量子的，它不像我们平时看到的不均匀性，是固定的，不会时大时小。

同样，暴胀解决了这个问题。打个比方，我们有一杯水，当我晃动这杯水的时候，它的水面就会出现水波是吧。但是，正因为它是水波，在一个特定的地方，水面时高时低，而不是固定的，这很像暴胀时真空能量的不确定性。现在，我们怎么才能让杯子里的水面在一个地方固定下来，也就是说，一个地方水面高不再改变，另外一个地方水面低也不再改变？

解决这个问题的方法非常简单，比如说下面的这个水面，左边水面低

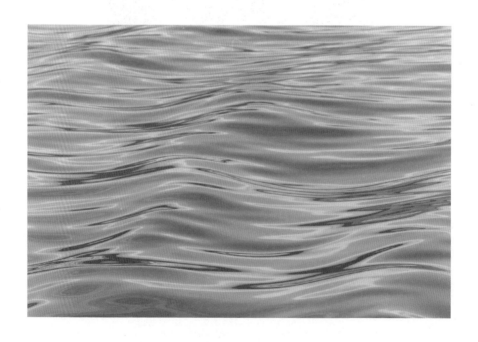

一点，我想保持这个情况，我就迅速地插入一张不透水的板，将水隔开来，那么，左边的水面就比右边的水面低了。

宇宙暴胀是如何固定能量的大小的？就是因为空间被迅速地拉大，因为空间拉大的速度超过了光速，能量高一点的地方的能量就不会传递到能量低一点的地方了。科学家经过认真的计算，得出结论，能量的涨落在暴胀结束时可以达到十万分之一。

了解相对论的小朋友可能会奇怪了，不是说世界上最大的速度是光速吗，怎么空间拉大的速度会超过光速？这和爱因斯坦的狭义相对论并不矛盾，因为空间本身并不传递信息，它的膨胀速度可以超过光速。

暴胀理论正好提供了能量微小的不均匀性，这种不均匀性恰好是恒星和星系形成所需要的，这是我相信古斯和林德等人迟早会获得诺贝尔奖的原因。

接下来我给大家讲一个有趣的故事。2017年2月，普林斯顿大学教授保罗·斯泰恩哈特和另外两位物理学家——普林斯顿大学的安娜·利贾斯、哈佛大学的亚伯拉罕·勒布一起，在《科学美国人》杂志上发表了题为《宇宙暴胀理论面临挑战》的文章，对暴胀理论发起了空前的挑战。他们声称，暴胀论没有任何物理学证据。表面上看，这是因为斯泰恩哈特发明了一个与暴胀论竞争的理论，叫火劫论，斯泰恩哈特希望通过彻底贬低暴胀论来抬高火劫论的身价。

其实事情没有这么简单，要知道，斯泰恩哈特也是暴胀理论的创始人之一，和古斯、林德一起，以"宇宙暴胀模型"分享了理论和数学物理领域的最高荣誉——2002 年的狄拉克奖。当然，在和古斯以及林德得到狄拉克奖之后，似乎大家慢慢地将斯泰恩哈特排除出暴胀论的创始群体了，而将斯塔罗宾斯基拉了进来。

斯泰恩哈特当然不甘心，因此企图推翻暴胀论，说最近的天文学证据更支持火劫论。这一下惹火了很多科学家，包括林德和霍金。他们联合了其他 31 位科学家在《科学美国人》上发表了一封公开信，驳斥了斯泰恩哈特等三人。我是站在林德等人一边的，因为，尽管火劫论也能解释暴胀论解释的一切，但是，暴胀论看上去更加简单。

当然，这个故事其实有前传。霍金曾经在《时间简史》中暗示过斯泰恩哈特早期对暴胀论的贡献来自他的一次演讲，而霍金恰恰在那次演讲中提到了林德对暴胀论的贡献。

1. 我们都知道，当一个基本粒子的能量很高很高时，它的速度就很接近光速，一个由接近光速粒子组成的气体叫相对论性气体，因为计算这个气体的性质需要用到相对论了。

2. 相对论性气体有一个很简单的性质，如同光子气体——宇宙微波背景辐射就是这样的气体：气体的温度随着膨胀的尺度越来越低，并且与尺度的大小成反比。比如说，当宇宙半径是今天的千分之一的时候，那时光子气体的温度是现在的 1000 倍，差不多 3000 开尔文。

3. 光子气体的温度是 3000 开尔文的时候，当时的宇宙发生了一件重要的事情，光子不再和电子、质子以及原子发生作用了，也就是说，宇宙作为一个媒介对光子来说变得透明了。这样，光子气体的问题与宇宙中其他物质开始变得没有关系了。这也是今天微波背景辐射基本与星系啊恒星啊没有关系的原因。

④ 宇宙对光子气体变得透明的时候，年龄大约是 38 万年。

⑤ 在宇宙变得透明之前，还有三个特殊的时刻值得记录。第一个时刻是电子和正电子湮灭成光子，只剩下多余的电子，那个时候，宇宙的温度大约是 50 亿开尔文。

⑥ 第二个时刻是，当宇宙的温度降低到 10 亿开尔文，宇宙年龄大约是 100 秒的时候，质子和中子开始合并成氦原子核，再晚一点，锂这样的元素也形成了，这个过程一直持续到宇宙年龄大约为 20 分钟的时候。

⑦ 宇宙中最轻的粒子当然是光子，它们没有质量，所以能够以光速运动。比光子稍微重一点的是中微子，存在三种不同的中微子，它们都有一点点质量。但是，物理学家们至今还无法测量出它们的质量。这些粒子在今天也应该形成一种背景，很类似微波背景辐射。我们知道，微波背景辐射是宇宙对光子变得透明时留下来的。同样，中微子背景也是宇宙对中微子变得透明时留下的，只是那个时刻很早很早，这就是我们要说的第三个时刻，比前面提

到的两个时刻还要早一些，那时宇宙的温度大约是 100 亿开尔文。

⑧ 宇宙暴胀留下来的十万分之一的不均匀性在暴胀结束后慢慢在万有引力作用之下变大。在宇宙年龄 38 万岁之后，电子和原子核形成原子和分子，这些原子和分子在万有引力作用之下形成分子云。除了光子背景辐射之外，宇宙一片黑暗，这个时代称为宇宙黑暗时代。

⑨ 有些分子云变得越来越密集，到最后，第一代恒星形成了，宇宙开始被照亮了，这个时候的宇宙年龄大约是 1 亿年。那个时候，类星体也开始出现了。

⑩ 什么是类星体呢？开始的时候，天文学家觉得它们像恒星又不同于恒星，才管它们叫类星体。这些天体可以很遥远很遥远。经过很长时间的研究，天文学家确定一个类星体中间有一个超级大黑洞，有的黑洞质量高达上百亿个太阳质量。

⑪ 在 1 亿年到 10 亿年之间，星系开始形成。比如说，我们的银河

系大约形成于那个时代。

⑫ 我们在这一讲中提到一个问题，就是为什么在宇宙早期粒子比反粒子多一些，这个问题至今还没有一个大家都公认的解答。大统一理论是一种可能的答案。一般来说，大统一理论也预言质子的寿命尽管很长很长，但也是有限的。可惜的是，至今物理学家做过的所有实验还无法证明质子的寿命是有限的。

⑬ 暴胀结束的时候，粒子和反粒子同时出现了。一般认为，在暴胀结束的那一刻，粒子和反粒子是一样多的，稍后一点，通过某种反应，粒子变得多了一点点。

⑭ 在暴胀结束的时候，除了粒子和反粒子之外，应该还存在着至少一种我们至今还没有探测到的粒子，叫暗物质粒子。

⑮ 为什么很多物理学家相信存在暗物质粒子呢？理由当然是间接的。我们知道，在太阳系中，距离太阳越远的行星绕太阳转的速度越慢。同样，在银河系中，我们的太阳和其他恒星一样也绕银

河系中心运动。万有引力告诉我们，离银河系中心越远的恒星，运动的速度也该越慢。但是天文学家发现，恒星的速度并没有明显地慢下来，这说明银河系中存在着大量我们看不见的物质，这些物质对恒星也产生万有引力。现在，最流行的看法是，这些暗物质就是暗物质粒子云构成的。

⑯ 暗物质粒子和物质粒子一样，应该也是基本粒子，只是这些粒子的质量可能比电子的质量大得多。同时，暗物质粒子与物质粒子基本不发生作用，更不会发光，这是我们至今无法拿到它们存在的直接证据的原因。

⑰ 在整个宇宙中，暗物质比物质要多出 4 到 5 倍。暗物质居然比物质还要多，这是 20 世纪宇宙学的重大发现之一。

⑱ 没有暗物质，我们无法解释银河系和其他星系中的恒星运动。同样，我们也无法解释星系的形成，因为尽管物质会形成恒星，但如果只存在物质，万有引力不够大，也不足以形成星系。

⑲ 在暗物质之外，居然还存在暗能量！暗能量在宇宙中所占能量的比重比暗物质还要大，整个宇宙的能量大约有百分之七十是暗能量。这个事实太诡异了，科学家至今还无法解释暗能量为什么会存在。

⑳ 最后，我们提一下斯泰恩哈特等人的火劫论。这个理论认为，大爆炸之前的宇宙是塌缩的，宇宙塌缩到一定程度时温度变得特别高，然后开始反弹，开始了宇宙大爆炸。火劫论尽管也可以解释宇宙的均匀性和平坦性，但看上去太复杂了。

4

谁是宇宙中最长寿的

第4讲

古希腊有几派哲学家，对宇宙的变化做过很多看起来可笑、仔细想想却很深入的思考。

首先，宇宙必须是变化的，否则我们无法谈论时间。我在第 1 讲中谈计时的时候，就说过古人用日晷计时，那是利用日出日落，这就是变化。现代电脑里的石英钟则是利用石英晶体振动，最精确的原子钟是利用光的振动。没有变化没有运动就不会有时间，所以，宇宙中的万事万物是不停地变化的。

这样看来，古希腊哲学家赫拉克利特认为世界上所有的东西都在变化，是很自然的。这位哲学家有一句名言："你不能两次踏进同一条河流，因为新的水不断流过你的身旁。"但是，如果我们仔细一想，总会觉得他的观点有点毛病。比如说，我们能不能将他的看法推广到一切事物呢？如果下一个时刻的一块石头不是上一个时刻的那块石头，我们是不是要每时每刻给石头重新命名？

当然，作为现代人，我们知道了，其实我们还是可以认为有些东西是不变的，例如，一个基本粒子就是一个基本粒子；例如，我们认为，上一个时刻的电子和下一个时刻的电子是完全一样的。在古代希腊，最早看到这个最重要的现代物理学概念的人是德谟克利特以及他的老师留基伯，这两个人认为世界是由不可分割的原子构成的，只是，他们出生得太早了，根本无法用实验来证明他们的想法。

在这一讲，我们会谈一谈宇宙中的各种基本粒子和一些天体的寿命，这也是一个与时间有关的话题。

古希腊人中最聪明的一些人认识到宇宙中的物质可以分割成不变的原子，但这种深刻的认识一直没有得到证实，而是在时间的长河中被遗忘了2000多年，直到玻尔兹曼出现，他为了解释热力学，才让原子论复活。但是，正如我在第2讲中谈到的，玻尔兹曼在世的时候，原子论一直没有得到主流科学家的承认，直到爱因斯坦用原子论解释了布朗运动，科学界才接受了原子论。

现在我们都知道了，一个原子是由电子和原子核构成的。很有意思的是，电子的发现，却比原子论被普遍接受的时间要早一些。

1858 年，德国物理学家普吕克用一种叫阴极射线管的东西做了一个重要实验。什么是阴极射线管呢？就是一个气体比较少的玻璃管中间有一个

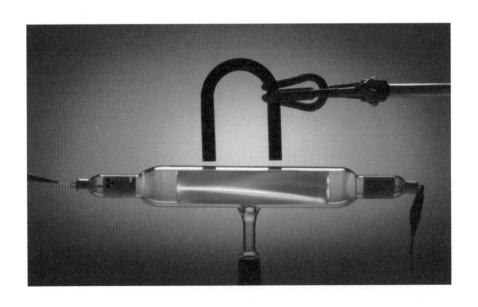

电极。在这个实验中，普吕克将阴极射线管接上电源，他发现，阴极射线管的管壁发出绿色的荧光，他觉得可能有什么东西在电极上被释放出来了。到了1876年，另一位德国物理学家哥尔茨坦认为这是从阴极发出的某种射线，并把它命名为阴极射线。

要再过一些年，物理学家才发现阴极射线其实是由一些微小的肉眼根本看不到的粒子组成的，这些粒子就是电子。1897年，英国物理学家汤姆孙将阴极射线放在电场和磁场里，结果他发现，这些射线不但可以被弯曲，而且还可以被反射，如果阴极射线是波的话，就很难解释这些现象。所以，汤姆孙认为阴极射线是由粒子组成的，他测量了这些粒子的电荷和质量的比例。他还用实验证明了，不论这些阴极射线来自什么气体，它们的质量都是一样的。

后来，经过很多科学家的努力，原子模型被建立起来了：任何一个原子，中间是一个原子核，周围是一些电子。例如，在最轻的原子中，中间是一个最简单的原子核，也就是质子，外面是一个电子。并且，质子要比电子重大约2000倍。

如果我们单独将电子隔离出来，一般认为，电子的寿命是无限的，也就是说，电子会永远存在下去。所以，电子看上去最接近德谟克利特心目中的"原子"，永远不会改变，永远存在下去。当然啦，如果我们将电子和它的反粒子也就是正电子放在一起，电子就不会永远存在下去了，电子和正电子会找到对方，湮灭成光子。我在《给孩子讲相对论》中谈到了狄拉克是如何预言正电子的，也谈到了电子的一位"老大哥"——谬子。

地球上的物质都是由分子和原子，也就是电子和原子核构成的。那么，谬子是怎么被发现的呢？20世纪上半叶，一些好奇心很重的物理学家将可以测量电荷的静电计放在气球上，然后将气球放到数千米的高空，发现了很多在地面上看不见的宇宙射线。正如阴极射线是由电子组成的一样，这些宇宙射线也是由一些粒子组成的。

1936年，美国物理学家安德森在宇宙射线中发现，有一种粒子在磁场中弯曲得比质子射线厉害，却不如电子射线的弯曲程度。如果假设这种粒子的质量比质子小，比电子大，那么就可以解释这种现象，比如说，这种粒子比质子轻，在磁场中就比质子容易弯曲。安德森就这样发现了一种新的基本粒子，这种基本粒子就是谬子。

谬子的电荷和电子完全一样，质量却比电子大了差不多200倍。但这

并不让人惊讶，让人惊讶的是，谬子不像电子那样寿命是无限的，它的寿

命非常短，只有五十万分之一秒。

　　好奇的小朋友可能会问了，那个时候原子钟还没有被发明出来，科学家

是怎么测量这么短的寿命的呢？其实，当我们谈一个粒子的寿命的时候，我

们是假设这个粒子的速度等于零，也就是静止的。现在，爱因斯坦的相对论就派上用场了。大家还记得吧，在爱因斯坦的相对论里，对一个运动的物体来说，它的内部运动看上去是慢动作的，比如说一个运动的时钟走得比静止的时钟要慢一点。越是以接近光速运动的物体，它的内部运动的动作越慢。同样，一个粒子在飞速运动的时候，它的寿命比静止的时候要长。在宇宙射线中的谬子的运动速度非常接近光速，所以谬子的寿命其实很长。

尽管飞速行进的谬子寿命可以被任意拉长，静止的谬子的寿命却十分短，短到我们用普通的石英钟都无法计量。为什么谬子的寿命这么短呢？在基本粒子的世界，其实我们应该问一个相反的问题，相比于谬子，为什么电子的寿命可以无限长呢？这是因为，根据我们的经验，自然中任何事物的寿命通常是有限的，一个生物是如此，甚至一块没有生命的石头也是如此。

就拿一块石头来说，它只要暴露在空气中，或者在水里，就会被侵蚀，时间长了，就会风化或者变成更小的石头。从原子、分子的观点来看，石头是由原子、分子构成的，这些原子和分子当然可能分离出一些，这样，一块石头就会变小，甚至彻底消失。

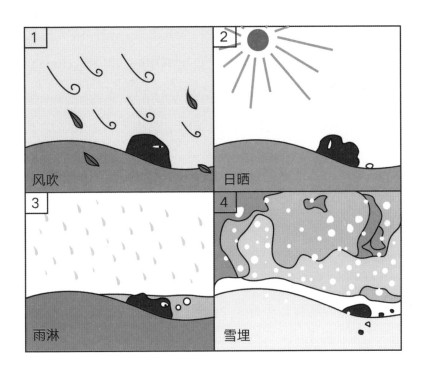

那么，物理学家是如何看待基本粒子的呢？就像古希腊人一样，现代物理学家是这样定义一个基本粒子的：它不能被分割成更小的粒子。基本粒子本身不能分割，却会从一种基本粒子变成另一种基本粒子，或者更多的基本粒子。而导致这种变化的，就是19世纪末发现的两种新的相互作用。

第一种新相互作用，和某些原子核不稳定有关，这种不稳定现象又叫放射性。放射性涉及的相互作用被称为弱相互作用，原因是这种作用比电磁力小很多。第二种新相互作用，就是将质子和中子结合在一起形成原子核的力，这种力比电磁力还要大很多，因此叫强相互作用。在此之前，人类已经知道自然界存在两种基本相互作用，或两种基本力，一种就是万有引力，另一种是电磁力。发现原子核放射性之后，人类才发现，原来在这两种力之外还有别的力存在。

最初发现放射性的人是法国物理学家亨利·贝克勒尔，和历史上很多重要物理学发现一样，贝克勒尔发现放射线也是非常偶然的。

1895 年，伦琴发现了 X 射线，尽管这是非常重要的发现，但 X 射线本身也是光子。伦琴在第二年年初公布了他的发现，轰动了世界，消息传到巴黎，法国科学院就讨论了伦琴的发现。贝克勒尔正好在场，他得知这种射线是阴极射线管打在物质上发出的，第二天就开始在自己的实验室里用荧光物质做试验。他用两张厚黑纸把感光底片包起来，然后把铀盐放在用黑纸包好的底片上，他发现底片居然感光了，这说明铀盐会发出一种射线，也许是 X 射线。经过反复试验，他终于确证这与 X 射线无

关，而是铀元素自身发出的一种射线，
他把这种射线称为铀辐射。1896 年 5
月 18 日，他在法国科学院报告说：铀
辐射是原子自身的一种作用，只要有
铀这种元素存在，就不断有这种辐射
产生。后来我们都知道了。铀原子核
本身不稳定，它的寿命是有限的，它
会衰变成其他元素的原子核。

现在我们知道了，放射性涉及很复
杂的过程，其中一种过程就是弱相互作

● 伦琴 ●

用。科学家经过长达 70 年的研究，终于弄明白了弱相互作用到底是怎么回
事。有一件事情非常重要，在自然界中，除了光子之外，所有基本粒子都
参与弱相互作用。

现在我们可以解释孤立的电子为什么寿命是无限的，而谬子的寿命很
短。电子和谬子都参与弱相互作用，这两种粒子看起来很像，只是谬子比
电子重了 200 倍。电子为什么寿命是无限的呢？电子不可能通过弱相互作

用衰变成其他粒子，因为它是带电粒子中最轻的，如果它衰变，衰变的产物必须有一个比它更轻的，所以它不可能衰变。

谬子就很不幸了，因为电子比它轻，它就可以衰变成电子加上其他粒子。真实的结果是，谬子会衰变成电子再加上两个中微子。那么，科学家为什么会花上 70 年才弄清楚弱作用呢？就拿谬子来说，它的衰变过程还挺复杂的。谬子先衰变成一个中微子和一个叫 W 粒子的东西，然后 W 粒子再衰变成电子和另一个中微子。

下面这张图展示了谬子衰变的过程，其中有三个粒子带有负号，意思是这些粒子带一个负电荷。两个中微子还有两个不同的下标，这是因为它

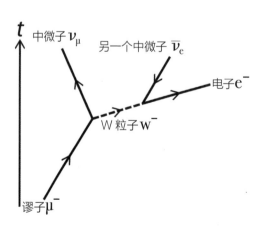

们是两种完全不同的中微子。科学家经过漫长的研究，终于在 20 世纪 60 年代预言了 W 粒子的存在，预言这种粒子的人，就是我们在上一讲中提到的温伯格，以及他的中学同学格拉肖。

　　现在说一说温伯格和格拉肖的故事，这两个人是中学同学，当然他们预言 W 粒子的时候，早已不是中学生了。因为这两个人一生中的很多事情都有关联，所以我们同时讲他们的故事。首先，温伯格的全名是斯蒂芬·温伯格，而格拉肖的全名是谢尔登·格拉肖。他们的出生地都是纽约市，而且他们都是犹太人。格拉肖比温伯格大几个月，格拉肖是 1932 年年底出生的，温伯格是 1933 年 5 月出生的。巧合的是，他们进入同一所中学，也就是纽约的布朗克斯理科中学，并成了同班同学。这是一所很有名的中学，又是一家以科学为特色的中学，因此两位同学在中学时学习上就有了竞争。

　　犹太人有一个特点，就是希望后代成为知识分子，在精神领域获得成就。格拉肖的父母是来自俄国的移民，父亲是一名管道工，这样的家庭背景使得格拉肖从小就努力好学，希望脱离父母的阶层。无独有偶，温伯格的父母也是移民。他们在 1950 年从中学毕业后都去了康奈尔大学上学，同时在 1954 年大学毕业。大学毕业后，温伯格去了哥本哈根大学的玻尔研究所读了一年研究生，然后去了普林斯顿大学，并在 1957 年获得博士学位，真是神速，那一年他才 24 岁。格拉肖从康奈尔大学毕业后直接去了哈佛大学读研究生，不过他拿到博士学位的时间比温伯格晚了两年。格拉肖拿到博士

学位之后，去了哥本哈根，在玻尔研究所隔壁的北欧理论物理研究所做博士后。

尽管格拉肖比温伯格晚两年才拿到博士学位，但他也挺幸运的，因为他的研究生导师是另一位著名犹太裔美国物理学家施温格。为什么说他很幸运呢？正是他的导师施温格影响了他，让他对弱相互作用产生兴趣。在那个年代，尽管物理学家发现了很多与弱相互作用有关的现象，比如谬子会衰变，中子也会通过弱作用衰变（我稍后再谈这个事情），但物理学家还没有一个解释弱作用的理论。

在玻尔研究所的时候，有一天格拉肖突然来了灵感，他想，弱作用很弱，这说明有一个中间过程，而这个中间过程发生起来很困难。什么是中间过程呢？比如说电磁力，一个电荷通过产生电磁场去影响另一个电荷，产生电磁场的过程就是中间过程。在第二次世界大战之后，格拉肖的老师施温格以及另一名著名物理学家费曼已经弄清楚了电磁力的完整理论，电荷产生电磁场的过程可以看成电荷发出一个光子，当这个光子被另一个电荷接收之后，另一个电荷就感受到了一个力。

在下页这张图中，有两个电子，还有一个光子用希腊字母表示。我们

都知道，光子的质量为零，因此电子很容
易辐射它，这样我们就能解释为什么电磁
力比较强，同时电磁力也传递得很远。

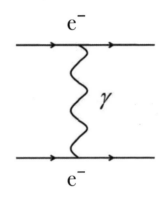

回到格拉肖在气候阴沉的哥本哈根获
得的灵感。他想起他的老师施温格曾经说
过，弱作用也是通过一种像光子一样的粒
子传递的，只不过这种粒子的质量比较大。
当然，施温格之前并没有解决弱作用这个难题，因为，后来格拉肖意识到，
需要三种新粒子才能完全解释弱作用，这是格拉肖在哥本哈根获得的最重
要的灵感。格拉肖想到的三种粒子都是什么呢？一种就是前面谬子衰变过
程中出现的那个带负电的粒子，又叫负 W 粒子，第二种是负 W 粒子的反
粒子，也叫正 W 粒子，它会出现在反谬子衰变的过程中。格拉肖想到的第
三种粒子，叫 Z 粒子，不带电。因为这三种新的基本粒子都在弱作用过程
中扮演重要的角色，所以叫作中间玻色子。三种中间玻色子都很重，W 粒
子比质子重了 80 倍，Z 粒子比质子重了 91 倍。正因为这些粒子都很重，
所以谬子这样的粒子在发出它们时比较困难——就像我们扔一个很重的铅

球。这样的话，弱力相比电磁力就弱很多，而且传递得不远。弱力传递得不远就可以解释为什么它只在原子核内发生。

格拉肖随后在 1961 年发表了关于弱作用的论文，这篇论文后来为他赢得了诺贝尔奖，当然，格拉肖不得不和另外两位物理学家共享这个诺贝尔奖，其中一位就是温伯格。

看来，从中学时代就竞争的两位同学中的格拉肖赢得了第一步。从 1966 年起，温伯格就开始思考他的竞争对手格拉肖的理论，他发现这个理论有一个重要的缺陷，就是如果把量子力学在其中扮演的角色考虑进来，就会出现问题。这个问题很专业，我就不仔细给大家讲了。总结成一句话，温伯格在格拉肖理论的基础上引进了第四种粒子，这种粒子很有名，叫作上帝粒子。有了上帝粒子，整个弱作用理论就完美了。1967 年，温伯格发表了完整的弱作用理论，在这个理论中，温伯格还顺手将电磁力也包括了进来。比温伯格晚一年，在欧洲工作的巴基斯坦物理学家萨拉姆也发表了和温伯格一样的理论。1979 年，格拉肖和温伯格以及萨拉姆一同获得了诺贝尔物理学奖。

正因为中间玻色子的存在，很多基本粒子就有了有限的寿命，例如，

● 萨拉姆 ●

谬子的寿命大约是五十万分之一秒。其实，中间玻色子的寿命更短。就拿负 W 粒子来说，它自己就会衰变成电子和中微子，因此它的寿命只有大约亿亿亿分之一秒。Z 粒子也会衰变，比如说衰变成一个电子和一个正电子，同样，它的寿命也只有亿亿亿分之一秒。

小朋友们都知道，原子是由电子和原子核构成的，原子核又是由质子和中子构成的。但是大家可能不知道的是，中子本身只有在原子核中才是稳定的，一出了原子核，它就不稳定了。原因是什么呢？简单地说，中子的质量比质子大了一点点，所以它会衰变成质子，加上一个电子，再加上一个中微子。为什么质量大一定会衰变呢？早在 1905 年，爱因斯坦就根据他的相对论得出质量就是能量的结论，那么，粒子的质量大能量就大，通常就不稳定，这就像一个铁球放在山坡上会滚下来一样。中子不带电，它如果衰变成一个质子，就必须顺带一个电子，这样质子加电子的总电荷为零。

中子因为会衰变，在真空中也就有了有限的寿命，但它的寿命比谬子可长多了，大约有 14 分钟半。当然，科学家早就搞清楚了，原来有些不稳定的原子核，就是因为里头的中子不稳定造成的，这就是著名的衰变。下面就是原子核通过中子衰变的示意图。

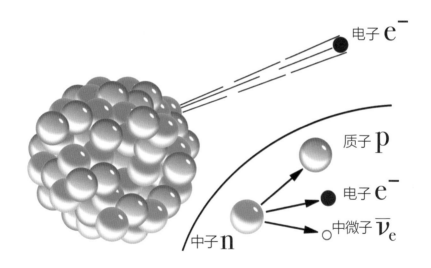

你可能会问了，为什么中子的寿命是 14 分钟多，但好多原子核的寿命比这个时间长很多很多呢？答案是，在不稳定的原子核中，中子的能量比

它在真空中的能量要小，这是它们受到了原子核中质子和其他中子吸引的缘故。

到了 20 世纪 60 年代，一些物理学家发现，要解释原子核中质子和中子的互相吸引，必须假设质子和中子都不是基本粒子，而是由一种叫夸克的基本粒子构成的。但是，人们从来没有见过夸克，这怎么办？有一个很简单的办法，你可以假设在质子以及中子中，夸克是由弦一样的东西连接起来的，如果你拼命想拉断弦，弦是会断的，但是在断弦的两端又会出现新的夸克，也就是说，夸克从来不单独出现，它们总是出现在弦的两端。给大家看看质子的情况：

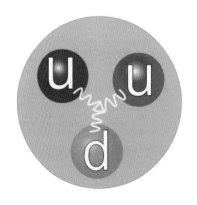

我们看到，质子中有三个夸克，两个 u 夸克，一个 d 夸克，那三根弹簧一样的东西就是我前面说的弦。比方说，假定我们拼命拉右上方的那个红色的 u 夸克，弦断了，但会出现两个新的夸克，一个连着原来的红色 u 夸克，成为一个新的粒子，另一个夸

克还是和蓝色的 u 夸克以及绿色的 d 夸克待在一起，成为新的质子。当然啦，我们不可能真的跑进质子里头拉扯夸克，物理学家是在加速器中用别的粒子轰击质子，这样质子的能量就会变大，弦也就被拉断了。

现在，我们知道了质子是如何由夸克构成的，那么中子呢？下面就是中子由夸克构成的情况。

对比一下质子，我们看到，质子里面右上方的红色 u 夸克被红色 d 夸克取代了，这就是中子和质子的一点不同。正是这点不同，使得中子的质量比质子大一点点，原因是 d 夸克比 u 夸克重一点点。聪明的小朋友这时可能会想到，中子衰变成质子正是由红色的 d 夸克衰变成红色的 u 夸克造成的。没错，情况正是这样，再看下页的图。

大家看到，d 夸克通过先衰变成 u 夸克和负 W 粒子，负 W 粒子再衰变成一个电子加一个中微子。这不就像缪子的衰变情况吗？没错，温伯格当年已经预言了这个衰变，或者说，他重新解释了中子衰变。

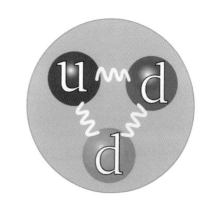

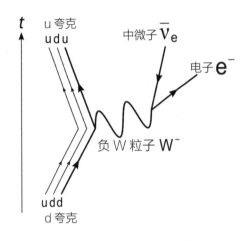

那么，现在我们可能会问了，夸克到底是谁提出来的呢？想到夸克的人，不是一个物理学家而是两个物理学家，他们在不同的地方各自想到的。这两个人，一个叫盖尔曼，我在《给孩子讲相对论》里谈到了他。

另一个人叫茨威格，这个茨威格不是那个著名作家，而是另一个人，两个不同的茨威格差了 50 多岁呢。

夸克这个古怪的名字是盖尔曼想出来的。我在《给孩子讲相对论》中提到过，盖尔曼这个人懂得好多语言，正因为如此，他居然看得懂一本几乎是天书的小说，叫《芬尼根的守灵夜》。这本小说反正我看不懂，因为里面出现好几种欧洲语言。根据盖尔曼自己说："1963 年，我把核子的基本构成命名为'夸克'（quark），我先想出的是声音，而没有拼法，所以当时也可以写成'郭克'（kwork）。不久之后，在我偶然翻阅詹姆斯·乔伊斯所著的《芬尼根的守灵夜》时，我在'向麦克老大三呼夸克'这句中

看到夸克这个词。由于'夸克'字面上意思为海鸥的叫声，很明显是要跟'麦克'及其他这样的词押韵，所以我要找个借口让它读起来像'郭克'。但是书中代表的是酒馆老板伊厄威克的梦，词源同时有好几种。书中的词很多时候是酒馆点酒用的词。所以我认为或许'向麦克老大三呼夸克'源头可能是'敬麦克老大三个夸脱'，那么我要它读'郭克'也不是完全没根据。再怎么样，字句里的'三'跟自然中夸克的性质完全不谋而合。"

怎么样，上面这段话已经充分显示盖尔曼的语言能力了吧？其实也显示了盖尔曼这个人喜欢卖弄的性格。那么茨威格是怎么称呼夸克的呢？他取了一个后来被大家遗忘的名字：埃斯，也就是扑克牌里的那个 A。

好了，基本粒子的寿命我们就谈到这里，下面我们谈谈宇宙中其他东西的寿命。

首先，我们最关心的就是太阳的寿命了。俗话说"万物生长靠太阳"，太阳不仅照亮了我们的世界，它也是地球上几乎一切能源的来源，我们地球上的大气以及水在阳光的照耀下形成风以及云彩，植物在阳光的照耀下得以生长。那么，阳光是怎么产生的呢？这件事被科学家弄清楚也不过 80 年的时间。原来，太阳里面的温度高到让氢原子核不断地转变成氦原子核，在转变的过程中，一些能量变成了光，这就是热核聚变过程。尽管有大量的能量被产生出来，但这种过程还是比较慢的，这样，我们的太阳的寿命据估计大约还有 50 亿年。等太阳中心的氢经过热核聚变都转变成了氦，一种叫氦闪的短暂爆炸过程就会发生，太阳的外层被爆炸向外推，形成了红

万物生长靠太阳

巨星。这个红巨星非常大，外围将波及我们的地球。

因为太阳已经存在了大约 50 亿年，所以太阳的寿命一共有 100 亿年左右。太阳变成红巨星时，它的内核会变成一种叫白矮星的东西。

我们会问，那么其他恒星的寿命有多长呢？科学家经过计算发现，越大的恒星寿命就越短。当然，这里的"大"指的不是这颗恒星直径有多大，而是指恒星的质量。为什么越大的恒星寿命越短呢？答案其实很简单，越大的恒星内部的温度就越高，热核聚变的速度也就越高，这样的恒星会很快将氢烧完。如果一颗恒星的质量比太阳大很多，在它烧完燃料的最后阶段会爆炸，变成超新星。比如说，蟹状星云就是一颗超新星爆发后留下的遗迹。

前面说了，质量越大的恒星寿命就越短。质量最大的恒星的寿命只有几百万年，它们变成超新星爆发后，中心的物质还有很多，一般都变成了黑洞。质量中等的恒星，例如我们的太阳，寿命大约有 100 亿年或者稍微短些。还有的恒星质量不到太阳的一半，这些恒星的寿命都很长，最长的可以达到几千亿年，比宇宙目前的年纪要大多了。

不同恒星爆炸后的结局不同，小恒星的中心会变成白矮星，中等恒星的中心会变成中子星，大恒星的中心会变成黑洞。从现有的知识来看，黑

洞的寿命最长了，这是为什么呢？

　　几十年前，科学家认为因为黑洞不发光，也没有任何其他能量会从黑洞里面跑出来，这样黑洞就会永远存在下去，也就是说，黑洞的寿命是无限长的。1973 年，情况发生了改变，因为那位著名的物理学家霍金发现，黑洞本身并不黑。1973 年 9 月，霍金访问莫斯科，和当时苏联几位杰出的物理学家讨论，他们告诉霍金，按照量子力学的不确定性原理，一个转动的黑洞应该辐射粒子。霍金觉得这个说法靠谱，但是他不喜欢他们的计算方法。很快，两个月过后，霍金在牛津大学的一次非正式讨论会上公布了他的结论，他发现不转动的黑洞也能辐射粒子。

　　这是怎么一回事呢？首先，我要给大家回顾一下量子力学的不确定性原理。根据量子力学，任何物体其实并不像我们以为的那样每时每刻都有确定的位置。一般来说，一个粒子会同时在很多地方。粒子的位置是不确定的，其实任何物理对象都有不确定性，甚至真空也有不确定性。物理学家将狭义相对论和不确定性原理结合，然后发现，真空中会不停地产生粒子和它们的反粒子，只是，这些正反粒子成对地出现又成对地消失，平时不可能被我们看到。现在，霍金将黑洞放了进来，他发现，在黑洞的边缘，

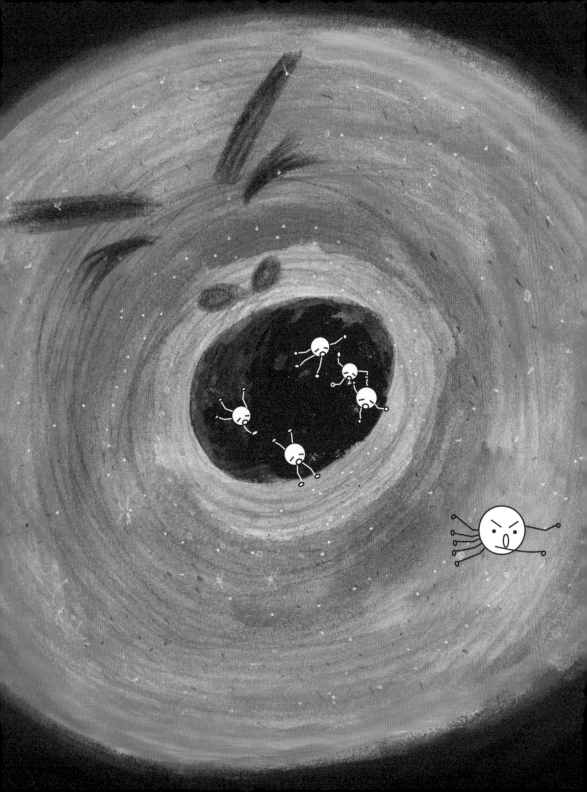

正反粒子对当然也成对地出现和消失，但是，由于黑洞的强大引力，会有一定概率将一对粒子中的一个吸入黑洞，而另一个粒子逃离了黑洞，这样，从表面上看，黑洞就辐射出了一个粒子。

你会问了，黑洞的边缘不是连光都跑不出来吗，那么，这个粒子是怎么跑出来的？这就是量子力学奇妙的地方了。其实，早在20世纪20年代，伽莫夫就用量子力学成功地解释了原子核裂变。根据经典理论，一个原子核中的粒子是不可能跑出来的，但是，不确定性原理容许一个粒子有一定概率跑出来。同样，在黑洞的边缘，一个粒子也有一定的概率跑出来。真空中成对的粒子出现，其中一个粒子会跑出来，都是不确定性原理的结果。

这样，霍金完成了著名的黑洞辐射的发现。但是，宇宙中的黑洞往往很大，黑洞越大，辐射就越慢。经过计算，物理学家发现，任何一个宇宙中的黑洞通过黑洞辐射消失的时间都是不可思议地长，远远长于一个小恒星的寿命。

总结一下，宇宙中最长寿的是孤立的电子，电子消失只有一种可能，就是当它遇到一个正电子时。至于质子，很可能也是最长寿的。中子的寿命很短，其他基本粒子的寿命就更短。黑洞是最长寿的天体。

① 古希腊哲学家对万物的变化有两种截然相反的看法，我在正文中谈到了赫拉克利特的看法，他认为没有任何事物会保持不变，不仅下一刻的河流和上一刻的河流是不同的，连下一刻的我也不是上一刻的我。另一个极端的看法是巴门尼德，他认为真正的存在是不变的，那些看上去变化的东西都是幻象。

② 以今天的观点来看，赫拉克利特的看法可能更接近真实，任何存在的事物由基本粒子组成，但基本粒子本身也不断地产生和消失。我们谈到过真空本身也很复杂，其实不停地有粒子成对地出现和消失。就拿我自己来说，组成我身体的一些原子在 3000 年前可能有一些是组成孔子身体的原子。

③ 我们说过电子独立时它的寿命是无限的，这是因为电子的电荷必须守恒，如果我们想让一个电子消失，但必须保留这个电子的电荷，而电子是携带这个电荷最轻的粒子，因此我们没有办法让它消失。当然，如果电子不是孤立的，而是和一个正电子在一起，

整个系统电荷为零，电子和正电子就可能湮灭，变成两个光子。

④ 从上面我们可以推论出，电子是宇宙中最古老的化石之一，因为今天存在的电子是宇宙大爆炸开始时比正电子多出的那一部分。

⑤ 除了电子之外，宇宙中应该存在很多中微子，这些中微子很像微波背景辐射，无处不在。我在上一讲的延伸阅读中提到，这些中微子是宇宙处于大约 100 亿开尔文高温时遗留下来的。

⑥ 微波背景辐射也是很古老的化石，它们是宇宙年龄为 38 万岁时遗留下来的。尽管中微子更加古老，但目前的科学手段还不能探测到它们，因此研究微波背景辐射就很重要，可以给我们带来古老宇宙的信息。

⑦ 现在宇宙中物质质量的大约 75% 是氢原子核，其余近 25% 的质量是氦原子核，多数氦原子核是宇宙大爆炸时产生的，少数是恒星内部热核聚变产生的。如果考虑到氦原子核比氢原子核大约重两倍，那么宇宙中的原子核数量的 90% 左右是氢原子核，10%

左右是氦原子核，其他原子核占的比重都很小。

⑧ 我们在正文中说了质子和中子都是由三个夸克构成的，有两种夸克，u 夸克和 d 夸克。我们还为这些夸克标记了颜色，这是为了方便，的确，对每一种夸克来说，我们还需要三个记号，为了方便起见就用了颜色。这些多出的三个记号是物理学家在 20 世纪60 年代发现的，发现人之一是日裔物理学家南部阳一郎。

⑨ 宇宙大爆炸之后，最初炙热的粒子气体中没有质子和中子，只有夸克，后来，当宇宙温度降到大约 1 万亿摄氏度时，质子和中子才出现。质子和中子是比中微子还要古老的化石。

⑩ 所有不稳定的粒子，谬子也好，W 粒子也好，在宇宙中都很不常见，因为它们的寿命太短了。宇宙射线中的谬子来自宇宙射线中的其他粒子与大气的碰撞。W 粒子通常只在加速器中出现，出现后很快就衰变成电子和中微子了。

⑪ 温伯格和格拉肖的理论，今天又叫弱电理论，因为它同时解释了

弱相互作用和电磁相互作用。我在第 3 讲中谈到的更大的统一理论试图统一弱电理论和强相互作用。这种理论通常预言质子也是不稳定的，尽管它的寿命比宇宙的年龄还要长很多。我在第 3 讲的延伸阅读中提到，目前并没有探测到哪怕一个质子的衰变，因此还没有大统一理论的证据。

⑫ 除了 u 夸克和 d 夸克之外，还存在四种别的夸克，这些夸克比 u 夸克和 d 夸克更重，因此并不存在于自然状态中，物理学家可以在加速器中产生含有这些夸克的粒子。

⑬ 最重的夸克叫 t 夸克，或者叫顶夸克。t 夸克是物理学家迄今为止发现的最重的粒子，它的质量约是质子的 172 倍，寿命和 W 粒子差不多。

⑭ 和很多天体相比，太阳系，包括太阳、地球和其他行星，相对说来还算年轻，尽管太阳系已经存在大约 50 亿年了。

⑮ 50 亿年后，太阳中心的氢聚合成氦的核反应结束，太阳外围膨胀

成红巨星。此时太阳中心中的氦聚变成碳原子核和氧原子核，最后，红巨星外层再一次爆炸，变成行星状星云，太阳内部成为白矮星。

16 其他质量和太阳相差不大的恒星最后的命运和太阳类似，外部成为行星状星云，内部成为继续发热的白矮星。白矮星的质量通常依然很大，和恒星原来的质量差不多，但尺寸要小很多，和地球差不多大。这就使得白矮星的密度特别高，每立方厘米高达 1 吨甚至更高。

17 离我们最近的白矮星只有 8.6 光年，是最近的恒星比邻星的两倍多一点。白矮星通常还会发光，温度高一点的白矮星发蓝光，温度低一点的白矮星发红光。

18 白矮星发光的原因是当它刚形成的时候温度还很高。但白矮星内部不再有核反应，因此它会慢慢冷却，直到最后不会发光，成为黑矮星。根据计算，从白矮星到黑矮星至少需要 1000 万亿年的时间，这个时长比现在的宇宙年龄大太多了，因此宇宙中现在还没有黑矮星。

⑲ 一个比太阳大得多的恒星内部最后不会成为白矮星，而是要么成为中子星，要么成为黑洞。中子星的质量比白矮星大，黑洞的质量比中子星大。中子星的个头一般比地球小得多，大约是 10 千米的样子，因此中子星的密度比白矮星还要大很多，高达每立方厘米 1 亿吨到 10 亿吨。

⑳ 刚形成的中子星表面温度非常高，但几年后就下降到 100 万摄氏度左右，这个温度比太阳表面温度的 6000 摄氏度左右高得太多了，因此一颗中子星辐射的能源要比太阳大得多。

图片来源

P3，4，11，13，15，21，85，88，98：视觉中国

P5，12，18，22，26，32，47，50，54，61，66，76，80，97，113，117，118，122，124，125，126，127，128：wiki commons

P6，10，60，133：海洛创意

P16，20，24，31，43，46，49，52，63，78，82，91，96，115，120，129，131，135：南方插画工作室

P58：© Charles D. Winters/ScienceSource / 高品图像

P95：© ESO/R. Colombari

P110：© ORNL/SCIENCE PHOTO LIBRARY /高品图像

图书在版编目（CIP）数据

给孩子讲时间简史 / 李淼著 . -- 长沙 : 湖南少年
儿童出版社 , 2023.9
ISBN 978-7-5562-7249-5

Ⅰ.①给… Ⅱ.①李… Ⅲ.①时间—少儿读物 Ⅳ.
① P19-49

中国国家版本馆 CIP 数据核字（2023）第 157192 号

GEI HAIZI JIANG SHIJIAN JIANSHI
给孩子讲时间简史

李淼 著

责任编辑：唐 凌 蔡甜甜
监 制：吴文娟
策划编辑：董 卉
特约编辑：罗雪莹
营销编辑：傅 丽
装帧设计：潘雪琴
内文插画：南方插画工作室

出 版 人：刘星保
出 版：湖南少年儿童出版社
地 址：湖南省长沙市晚报大道 89 号
邮 编：410016
电 话：0731-82196320
常年法律顾问：湖南崇民律师事务所 柳成柱律师
经 销：新华书店
印 刷：天津市豪迈印务有限公司
开 本：710 mm × 880 mm 1/16
字 数：80 千字
印 张：9.5
版 次：2023 年 9 月第 1 版
印 次：2023 年 9 月第 1 次印刷
书 号：ISBN 978-7-5562-7249-5
定 价：49.00 元

若有质量问题，请致电质量监督电话：010-59096394
团购电话：010-59320018